環境省認定制度
脱炭素アドバイザー アドバンスト 認定

脱炭素
経営アドバイザー

公式テキスト&問題集

経済法令研究会●編

経済法令研究会

刊行によせて

　パリ協定のもと、脱炭素社会への移行が本格化しています。2021年12月に行われたCOP26に先立って、ネット・ゼロ銀行同盟（NZBA）、NZBA等を含むグラスゴー・ネット・ゼロ金融同盟（GFANZ）が発足しました。これらは業界主導ではあるものの、国連も関与しています。金融セクターは、資本を脱炭素化の支援に振り向けることで、パリ協定の1.5℃目標シナリオに沿った移行を促進することが期待されています。

　NZBAに加盟する銀行は、2050年までにネット・ゼロを達成すべく、銀行自身のGHGs排出量だけでなく、データセンター等が使う電力を発電するときに排出される二酸化炭素排出量や、銀行が投融資した企業による排出、投融資先排出量（financed emissions）を削減することも約束しています。

　パリ協定や各国政府は、各主体の直接排出量の削減を要求します。なのになぜ銀行が発電企業の排出量や投融資先企業の排出量まで含めなければならないのでしょうか。それは、発電企業や投融資先企業が気候関連リスクにさらされると、それが銀行の経営に悪影響を与える可能性があるからであり、逆にそれらの企業が脱炭素に関わる事業に取り組む機会を見逃すことのないようにするためです。脱炭素に無関心な企業に投融資しないというだけでは銀行の役割が縮小しますので、適切なコンサルティングを行うことが求められるでしょう。また、借り手や投資先が自らの排出量を削減できるような新商品を開発することは銀行としての商機であります。

　これらの議論の進展は非常に早く、また情報量もたいへん多いので、「脱炭素経営アドバイザー」試験（環境省認定制度　脱炭素アドバイザー　アドバンストに認定）に本書を活用していただくことが、基本的な考え方から最先端の議論までを理解する上で助けとなるでしょう。

脱炭素経営アドバイザー
検定委員長　新澤秀則

はじめに

　2050年のカーボンニュートラル目標達成に向けて、各企業では「脱炭素経営」をキーワードに、気候変動対応をふまえた経営戦略やビジネスモデルの構築に取り組む動きが加速しています。

　脱炭素経営においては、①事業に影響する気候関連リスク・機会の把握、②自社・サプライチェーン排出量の算定、③排出削減目標の設定、④排出削減計画の策定、⑤削減対策の実行／脱炭素を前提とした事業遂行、の段階的な取組みおよび対外的な情報開示、ステークホルダーとの対話が要請されているところです。

　企業が脱炭素化を進めるにあたっては、排出量の算定、削減目標の設定、削減対策の実行ほか、企業財務に直結する設備融資や資金調達、さらには経営方針の策定など、幅広い知見が必要となります。

　環境省は、企業の脱炭素化に向けた取組みに対する専門的なアドバイスができる知識・ノウハウを習得した人材を「脱炭素アドバイザー」と認定する資格制度を創設しました。

　脱炭素アドバイザー資格には、気候変動対策の必要性の説明、脱炭素経営・温室効果ガス排出量に関する企業からの相談内容の把握ができる「ベーシック」、脱炭素経営の重要性（リスク・機会）、温室効果ガス排出量の計測方法・削減手法について説明ができる「アドバンスト」、脱炭素に関する包括的なアドバイス（温室効果ガス排出量計測・削減手法の例示、SBT目標設定支援、TCFD開示支援）ができる「シニアアドバイザー」の3つの資格類型があり、これらの資格を取得し、脱炭素に関する知見を深めて取引先企業にアドバイスをしたり、あるいは企業の担当者として脱炭素の取組みを進めていく人材を育成していく狙いがあります。

本書は、上記のうち「アドバンスト」にあたる「脱炭素経営アドバイザー」試験のテキスト＆問題集です。

　企業の脱炭素担当者だけではなく、企業の経営をサポートする金融機関の行職員や経営コンサルタント、企業支援に携わる会計士・税理士等の専門家、地方公共団体の職員など、多くの方々が本書を活用し、もってわが国のカーボンニュートラル達成への貢献につながることを願ってやみません。

2025年4月
経済法令研究会

目次　脱炭素経営アドバイザー　公式テキスト＆問題集

刊行によせて
はじめに
「脱炭素経営アドバイザー」（環境省認定制度 脱炭素アドバイザー アドバンストに認定）
受験の流れ————————————————————————————————vii
環境省認定制度 脱炭素アドバイザー アドバンスト
「脱炭素経営アドバイザー」実施要項——————————————————————ix

第1章　気候変動問題と脱炭素経営に関する理解〈知る〉

第1節　気候変動問題の経緯・現状・動向—————————————————2
1　地球温暖化に関する科学の発展：19世紀末〜1980年代————————2
2　IPCC評価報告書：1次（1990）〜6次（2023）まで————————7
3　世界の取組みの経過と動向：気候変動枠組条約を中心に————————16
4　日本の取組みの経過と動向：政府の対応を中心に————————————30

第2節　脱炭素経営について————————————————————————41
1　気候変動の経営への影響：リスクと機会————————————————41
2　脱炭素経営の意義：リスクを回避・軽減し機会を実現する————————55
3　脱炭素経営のステップ：知る・測る・減らす＋開示する————————62

第1章　確認問題————————————————————————————————64

第2章　排出量算定に関する理解〈測る〉

第1節　排出量算定の概要————————————————————————————74
1　基本は「足し算」と「掛け算」————————————————————74
2　サプライチェーン排出量の考え方————————————————————77
3　中小企業の取組実態————————————————————————————82

第2節　スコープ1・2排出量の基本的な考え方
　　　　および具体的な算定方法————————————————————89

1　スコープ1排出量の算定方法と具体例 ―― 89
　　　2　スコープ2排出量の算定方法と具体例 ―― 103
　　　3　スコープ1・2排出量の算定ツール ―― 111

　　第3節　スコープ3排出量算定の概要 ―― 121
　　　1　スコープ3排出量算定の流れ ―― 121
　　　2　スコープ3排出量算定の例題 ―― 123

　　第2章　確認問題 ―― 133

第3章　削減目標、計画、実施に関する理解〈減らす〉

　　第1節　GHG削減目標の設定 ―― 180
　　　1　削減目標設定の考え方 ―― 180
　　　2　SBTについて ―― 190

　　第2節　スコープ1・2排出量の代表的な削減方法 ―― 198
　　　1　排出削減の考え方 ―― 198
　　　2　排出量削減の代表的な手法 ―― 201

　　第3章　確認問題 ―― 221

第4章　情報開示に関する理解〈開示する〉

　　第1節　GHG排出量開示の必要性の考え方 ―― 268
　　　1　環境報告の一環としてのGHG排出量開示 ―― 268
　　　2　中小企業におけるGHG排出量開示の考え方 ―― 270

　　第2節　開示に関する諸制度 ―― 273
　　　1　GHG排出量開示の基本的なフレームワーク ―― 273
　　　2　法令等に基づく開示 ―― 279

　　第4章　確認問題 ―― 286

「脱炭素経営アドバイザー」
(環境省認定制度 脱炭素アドバイザー アドバンストに認定) **受験の流れ**

　環境省認定制度　脱炭素アドバイザーアドバンスト「脱炭素経営アドバイザー」試験を受験するためには、事前研修を受講・修了する必要があります。
　次ページの「事前研修の概要」をご参照：ウェブ上でIBT方式のテキスト＆動画学習を行い、計算演習に正解することで修了となります。
　株式会社CBTソリューションズのウェブサイトからお申込みください。
(https://cbt-s.com/examinee/)

■試験受験の流れ

事前研修「脱炭素経営アドバイザー養成講座」(IBT方式)の申込み

↓　90日以内

事前研修「脱炭素経営アドバイザー養成講座」(IBT方式)の受講・修了

↓　180日以内

「脱炭素経営アドバイザー」試験(CBT方式)受験

※CBT試験は事前研修修了後より申込可能（最短で修了3日後より受験可能）

・IBT事前研修の受講有効期間はお申込から90日以内です。有効期間内であれば、何度でも受講可能です。
・事前研修の計算演習では、Excelを使用した計算が必要になります。計算演習実施時はパソコンでの受講をお勧めいたします。
・「脱炭素経営アドバイザー」受験資格は、事前研修「脱炭素経営アドバイザー養成講座」の修了が条件となります。
・試験受験の有効期間は、事前研修修了日から180日以内です。

■事前研修「脱炭素経営アドバイザー養成講座」の概要

実施形式	・IBT方式にて受講（WEB上にてテキスト＆動画学習） ・テキスト：約100ページ 　確認テスト：○×式　40問 　講義時間：3時間（計算演習時間を含む） 　計算演習：5題 　※テキスト学習の確認テストおよび動画研修の計算演習は正解することで修了
受験料	8,800円（税込）
研修内容	1：金融機関としての取引先への脱炭素支援の考え方 2：脱炭素を含むサステナビリティ開示の必要性・温室効果ガス（GHG）排出量開示の必要性の考え方を学ぶ 3：温室効果ガス（GHG）排出量削減目標を設定する意義 4：Scope 1およびScope 2排出量の基本的な考え方、算定方法 5：サプライチェーン排出量算定の概要 6：SBTの概要

（事前研修の受験に関するお問合せ）

銀行業務検定協会（経済法令研究会　検定試験運営センター）
　Ｈ　Ｐ：https://www.kenteishiken.gr.jp/
　ＴＥＬ：03-3267-4821（平日9：30～17：00）
　お問合せフォーム：https://www.khk.co.jp/contact/

環境省認定制度 脱炭素アドバイザー アドバンスト「脱炭素経営アドバイザー」実施要項

　環境省認定制度 脱炭素アドバイザー アドバンスト「脱炭素経営アドバイザー」試験の概要は、次のとおりです。

※ 本試験は、株式会社CBTソリューションズの試験システムおよびテストセンターにて実施いたします。

■試験の内容についてのお問合せ
銀行業務検定協会（経済法令研究会 検定試験運営センター）
　ＨＰ：https://www.kenteishiken.gr.jp/
　ＴＥＬ：03-3267-4821（平日9：30～17：00）
　お問合せフォーム：https://www.khk.co.jp/contact/

■試験の申込方法や当日についてのお問合せ
受験サポートセンター（株式会社ＣＢＴソリューションズ）
　ＴＥＬ：03-5209-0553（8：30～17：30　※年末年始を除く）

実施日程	2025年5月1日（水）～2026年3月31日（火）〈2025年度〉
申込日程	2025年4月28日（月）～2026年3月28日（土）〈2025年度〉
受験資格	事前研修「脱炭素経営アドバイザー養成講座」を修了していること
申込方法	株式会社ＣＢＴソリューションズのウェブサイトからお申込みください。（https://cbt-s.com/examinee/）
受験料	7,700円（税込）
会場	株式会社CBT SolutionsのCBTテストセンターにて実施
出題形式 試験時間	四答択一式　50問（各2点） 120分
合格基準	100点満点中60点以上
試験範囲	1．Scope 1およびScope 2排出量の基本的な考え方、算定方法 2．サプライチェーン排出量算定の概要 3．SBTの概要 4．温室効果ガス（GHG）削減目標の設定 5．温室効果ガス（GHG）排出量開示の必要性の考え方

第 1 章

気候変動問題と脱炭素経営に関する理解
<知る>

1
気候変動問題の経緯・現状・動向

1 地球温暖化に関する科学の発展：19世紀末～1980年代 (注1)

　脱炭素について具体的な話に入る前に、なぜ脱炭素が必要なのかといったことや、地球温暖化と気候変動について基礎的な事柄を押さえるにあたっては、まず、地球温暖化を引き起こす自然のメカニズムとして「温室効果」のことを知る必要がある。

　この「温室効果」について、環境省のウェブサイトでは、簡潔に次のように説明されている。

【図表1－1－1】温室効果ガスとは？

> 太陽の光は、地球の大気を通過し、地表面を暖めます。暖まった地表面は、熱を赤外線として宇宙空間へ放射しますが、大気がその熱の一部を吸収します。これは、大気中に熱（赤外線）を吸収する性質を持つガスが存在するためです。このような性質を持つガスを「温室効果ガス（Greenhouse Gas）」と呼びます。大気中の温室効果ガスが増えると、温室効果が強くなり、より地表付近の気温が上がり、地球温暖化につながります。
>
> 出典：環境省HP「温室効果ガスインベントリの概要」
> https://www.env.go.jp/earth/ondanka/ghg-mrv/overview.html

　つまり、地球温暖化は温室効果ガスの増加によって生じていることから、地球温暖化を抑えるためには温室効果ガスを減少させる必要があるといえる。温室効果ガスには様々なものがあるが、もっとも代表的なものが二酸化炭素（以下、CO_2とする）である。CO_2の分子式の「C」は、炭素を表す。

このことから、地球温暖化を抑えるためにはCO_2の排出を減らす必要がある、すなわち「低炭素」、さらには排出を実質ゼロ（カーボンニュートラル）にする、すなわち「脱炭素」という考え方が出てきた。

【図表１－１－２】あってよかった温室効果（注2）

あってよかった温室効果

- 地球には、太陽からの日射が降り注ぎ、地表を温めているが、日射の一部は大気中のちりや雲、水蒸気などにより吸収、反射、散乱され地表に到達せず、地表に到達した日射の一部も雪氷などに反射される。
- 一方、地球も宇宙に向かって熱（赤外線）を放射しているが、その一部は大気中の温室効果ガスに吸収され、地表を温めることに寄与している。
- 地表付近の平均温度は14.5℃であるが、温室効果がない場合にはマイナス18.7℃ほどと計算されており、約33℃の差がある。
- 大気中に適切な温室効果ガスがあるおかげで、地表に液体の水が存在し、生物が繁栄することができるのである。

出典：気象庁HP「日射・赤外放射　さらに詳しい知識」
https://www.data.jma.go.jp/gmd/env/radiation/know_adv_rad.html

(1) 地球温暖化説の登場（19世紀）

　上記のような考え方が一般に受け入れられ、理解されるようになったのはごく最近のことであるが、科学の世界においても、温室効果ガスにより地球温暖化（Global Warming）が起きると考えられるようになったのは、それほど古い時代のことではない。

　気体による温室効果を初めて提唱したのは、ジョゼフ・フーリエというフランスの科学者である。1827年、今からおよそ200年前のことであるが、このときはまだ仮説の域を出なかった。

　1861年、ジョン・ティンダル（アイルランド）は、実験により、水蒸気、二酸化炭素、メタン、一酸化二窒素、オゾンなどの気体が温室効果をもつことを確かめた。

　1896年、スヴァンテ・アレニウス（スウェーデン）は、温室効果ガスであるCO_2の大気中の濃度が2倍に増えると、地表の平均温度が5～6℃上昇するという計算結果を発表した。今日の気候変動シュミレーションの先駆けである。

　19世紀末のアレニウスの研究以降も、温室効果に関する研究は少しずつ進展していったが、20世紀の中盤に至るまで、人間が排出する温室効果ガスが現実に地球の気温を上昇させるほどの影響を与え得るとは、科学者の間でもほとんど信じられていなかった。

(2) マウナ・ロア山頂での濃度計測（1958年～）

　ハワイ島にある世界最大の楯状火山マウナ・ロアの山頂と、南極で行われたCO_2濃度計測の記録は、この状況を大きく変えるインパクトを与えた。太平洋のほぼ中央に位置するハワイや、南極海に囲まれた南極は、工場や都市などの人間活動から地球上でもっとも隔絶された場所であり、大気成分への人間活動の影響がもっとも小さいと考えられる。

　測定は1958年から開始されたが、その2年後に発表された論文に掲載されたマウナ・ロアの測定データにおいて、CO_2濃度が規則的に上下

する季節変動を示していることが確認された。また、南極の測定データからは、測定1年目より2年目の方がCO_2濃度の平均値がわずかながら高くなっていることが示された。

その後もマウナ・ロアでの測定は継続されたが、CO_2濃度は季節変動を刻みながら、一貫して上昇し続けていることが明らかになった（そのグラフは、測定を開始・継続した研究者の名前からキーリング曲線と呼ばれている（【図表1－1－3】））。このように、地道な観測活動により、人間活動が実際に地球の大気成分に測定可能なほどの影響を与えていることが判明した。

【図表1－1－3】キーリング曲線（マウナ・ロア観測所のCO_2濃度経年データ）

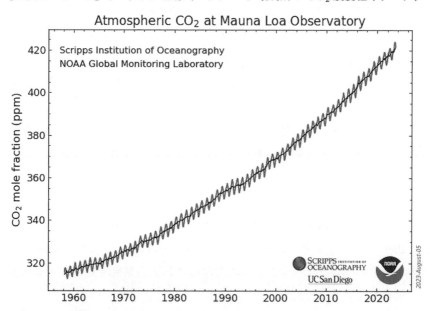

出典：アメリカ海洋大気庁地球モニタリング研究所HP
https://gml.noaa.gov/webdata/ccgg/trends/CO_2_data_mlo.png

(3) 気候シミュレーション研究の進展（1960～1970年代）

人間活動が大気中のCO_2濃度を上昇させているのは確かであるとして、その結果として地球規模での温暖化が生じているのか、そうであるとす

れば、それはどの程度であり、気候にどのような影響を与えるのかということが、次の焦点となる。

1960年代からこうした問題に取り組む気候モデル研究が盛んになり、コンピュータの能力向上とともに、より精緻で大規模なシミュレーションを短時間で行えるようになり、気候モデルの精度も次第に向上してきた。なお、2021年に真鍋淑郎博士がノーベル物理学賞を受賞したが、1960年代にこの分野の基礎を確立した功績が認められたものである。

1940～60年代は地球の気温は低下傾向にあったため、1970年代には温暖化よりも寒冷化、氷河期の再来が人々の懸念を呼んでいた。しかし、気候シミュレーション研究が進展するとともに、1979年には第1回世界気候会議が開催され、気候変動に関する研究の推進が提言された。

この時期は、人口爆発と経済成長に伴う資源・エネルギー消費の急増と環境破壊に対する危機感が高まり、1972年に世界で初めての環境に関する国際会議として、国連人間環境会議（ストックホルム会議）が開催された。そのキャッチフレーズ「Only One Earth」は、日本語訳としては「かけがえのない地球」が定着しているが、そのまま「地球は1つだけしかない」と直訳した方が、当時の人々の危機感が伝わると思われる。

(4) フィラハ会議・ハンセン報告・IPCC設立（1980年代）

1980年代になると、科学者はアカデミーの世界の中だけでの議論から、社会に向かって積極的に人為的温暖化による気候変動に関する情報を発信していくようになる。

1985年に開催されたフィラハ会議（オーストリア）では、21世紀前半には、地球の平均気温の上昇が未曾有の規模で起こり得る、との科学者の見解が発表された。1988年にはトロント会議において、2005年までに温室効果ガスの排出量を20％削減すべき、との見解が示された。

こうして1988年10月、WMO（世界気象機関）とUNEP（国連環境計

画）のもとにIPCC（気候変動に関する政府間パネル）が設立されるに至った。

また、1987年には国連環境と開発に関する委員会が、「我ら共有の未来（Our Common Future）」という報告書を発表し、持続可能な開発（Sustainable Development）の概念を定義した。

日本では、2020年代になってにわかに気候変動問題やサステナビリティに多くの注目が集まるようになったが、上記のように、世界ではすでに1980年代（日本でいえば昭和の時代）に大きな転機を迎えていた。

その頃の日本は、空前の好景気であるバブル景気に沸き立っていた。第一次（1973年（昭和48年））・第二次（1978年（昭和53年））のオイルショックを乗り越え、節約・我慢の時代から、消費が美徳としてもてはやされる時代になっていた。

そうした中、1987年（昭和62年）版の環境白書において、「温室効果を有する気体の気候への影響」という項目で地球温暖化問題がはじめて取り上げられ、1988年（昭和63年）版の環境白書では「地球環境問題」という言葉が使われた。環境白書に「持続可能な社会」という言葉が登場するのは1992年（平成4年）版のことである(注3)。

2　IPCC評価報告書：1次（1990）〜6次（2023）まで

(1) IPCCの概要

IPCC（気候変動に関する政府間パネル）は、気候変動に関する最新の科学的知見(出版された文献)についてとりまとめた報告書を作成し、各国政府の気候変動に関する政策に科学的な基礎を与えることを目的としている。2023年3月時点で、195か国・地域が参加している。

IPCCには大きく3つの作業部会（ＷＧ：ワーキンググループ）が設置されており、それぞれが報告書を発表し、最後にそれらをまとめた「統合報告書」も作成されている（【図表1－1－4】）。

【図表１－１－４】IPCC の組織概要

- 第１部会（WG１）：気候システム及び気候変動の自然科学的根拠についての評価
- 第２部会（WG２）：気候変動に対する社会経済及び自然システムの脆弱性、気候変動がもたらす好影響・悪影響、並びに気候変動への適応のオプションについての評価
- 第３部会（WG３）：温室効果ガスの排出削減など気候変動の緩和のオプションについての評価

出典：気象庁ＨＰ「気候変動に関する政府間パネル（IPCC）」
https://www.data.jma.go.jp/cpdinfo/ipcc/

　IPCCの組織概要のうち、第３部会に「緩和」、第２部会に「適応」という用語がある（【図表１－１－５】）。

　「緩和」は、気候変動の原因となる温室効果ガスの排出を削減（または排出された温室効果ガスを吸収）するために、省エネルギー推進や再生可能エネルギーの利用拡大による化石燃料の使用削減、あるいは人為的に排出されたCO_2の吸収・固定などの対策を講じることを意味する。

　「適応」は、気温が上昇したり、降水パターンが変化したり、海水面が上昇したりすることなど、気候変動の影響により生じる被害を回避・軽

減することである。例えば居住地の水没が予測される場合に、移住を促進することや、農作物の耕作適地の変化に対応して作付品目を転換していくことなどが挙げられる。

【図表１－１－５】緩和と適応

●緩和：気候変動の原因となる温室効果ガスの排出量を減らすこと
●適応：すでに生じている、あるいは将来予測される気候変動の影響による被害を回避・軽減させること

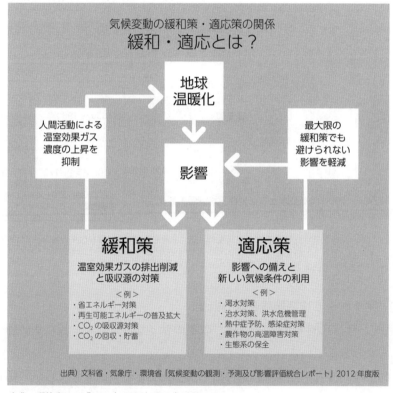

出典）文科省・気象庁・環境省「気候変動の観測・予測及び影響評価統合レポート」2012年度版

出典：環境省ＨＰ「ecojin's EYE」2022年9月7日
https://www.env.go.jp/guide/info/ecojin/eye/20220907.html
・全国地球温暖化防止活動推進センターＨＰ「緩和・適応とは」
https://jccca.org/ipcc/ar5/kanwatekiou.html

なお、よく見聞きするのは地球温暖化の「防止」という言葉であるが、第6次評価報告書公表時点で地球の平均気温は産業革命前に比べてすでに1.1℃ほど上昇している(【図表1－1－6】)ので、まだ起きていない地球温暖化を防ぐという意味に誤解しないように気を付けたい。

【図表1－1－6】産業革命前からの気温上昇

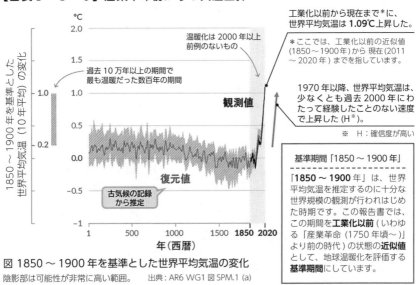

図 1850～1900年を基準とした世界平均気温の変化
陰影部は可能性が非常に高い範囲。　　出典：AR6 WG1 図 SPM.1 (a)

出典：文部科学省・気象庁資料「IPCC（気候変動に関する政府間パネル）第6次評価報告書（AR6）第1作業部会（WG1）報告書『気候変動2021 自然科学的根拠』解説資料（基礎編）」
https://www.mext.go.jp/content/20230531-mxt_kankyou-100000543_9.pdf

(2) 第1次～6次評価報告書の概要

　IPCCは、1988年の設立以来、数年のサイクルで6次にわたり評価報告書を発表している。

　1990年の第1次評価報告書は、1992年の地球サミットにおいて採択された気候変動枠組条約の重要な科学的根拠となった。以降、1995年（第2次）、2001年（第3次）、2007年（第4次）、2013年（第5次）を経て、最新の評価報告書は、2021年の第6次評価報告書である。その後、2023年3月に「統合報告書」が発表され、第6次評価のサイクルが

完了した。

　報告書の回を重ねるとともに、人為起源の温室効果ガスの増加が温暖化を引き起こしている可能性は一層高いものと評価されるようになり、第6次評価報告書においては、「人間の影響が大気、海洋及び陸域を温暖化させてきたことには疑う余地がない」と断言されるに至っている（【図表1－1－7】）。

【図表1－1－7】人間活動が及ぼす温暖化への影響についての評価の推移

報告書	公表年	人間活動が及ぼす温暖化への影響についての評価
第1次報告書 First Assessment Report 1990 (FAR)	1990年	「気温上昇を生じさせるだろう」 人為起源の温室効果ガスは気候変化を生じさせる恐れがある。
第2次報告書 Second Assessment Report: Climate Change 1995 (SAR)	1995年	「影響が全地球の気候に表れている」 識別可能な人為的影響が全球の気候に表れている。
第3次報告書 Third Assessment Report: Climate Change 2001 (TAR)	2001年	「可能性が高い」(66%以上) 過去50年に観測された温暖化の大部分は、温室効果ガスの濃度の増加によるものだった<u>可能性が高い</u>。
第4次報告書 Forth Assessment Report: Climate Change 2007 (AR4)	2007年	「可能性が非常に高い」(90%以上) 温暖化には疑う余地がない。20世紀半ば以降の温暖化のほとんどは、人為起源の温室効果ガス濃度の増加による<u>可能性が非常に高い</u>。
第5次報告書 Fifth Assessment Report: Climate Change 2013 (AR5)	2013年	「可能性が極めて高い」(95%以上) 温暖化には疑う余地がない。20世紀半ば以降の温暖化の主な要因は、人間活動の<u>可能性が極めて高い</u>。
第6次報告書 Sixth Assessment Report: Climate Change 2021 (AR6)	2021年	**「疑う余地がない」** 人間の影響が大気、海洋及び陸域を温暖化させてきたことには疑う余地がない。

出典：環境省資料「IPCC第6次評価報告書の概要－第1作業部会（自然科学的根拠）－」9頁
https://www.env.go.jp/content/000116424.pdf

　ところで、日常会話で「可能性がある」や「可能性が高い」などと表現する場合に、厳密にいって何％ぐらいのことを指すのかを意識して使うことはあまりないが、IPCC評価報告書の場合は、特定の確率の幅に、

特定の表現を1対1で対応させ、次の表のように定義している(【図表1－1－8】)。

【図表1－1－8】IPCC評価報告書における「可能性」の表現

確率	表現(原文)	表現(和訳)
99～100%	virtually certain	ほぼ確実
95～100%	extremely likely	可能性が極めて高い
90～100%	very likely	可能性が非常に高い
66～100%	likely	可能性が高い
>50～100%	more likely than not	どちらかと言えば可能性が高い
33～66%	about as likely as not	どちらも同程度の可能性
0～33%	unlikely	可能性が低い
0～10%	very unlikely	可能性が非常に低い
0～5%	extremely unlikely	可能性が極めて低い
0～1%	exceptionally unlikely	ほぼあり得ない

出典：気象庁資料「参考資料（IPCCの概要や報告書で使用される表現等について）」2頁
https://www.jma.go.jp/jma/press/2108/09a/ipcc_ar6_wg1_a3.pdf

　例えば、気候シミュレーションにおいて予測される気温上昇が、X℃～Y℃となる「可能性が高い」と表現されている場合、それは気温上昇がその幅に収まる確率が66～100%と評価されていることを意味する。裏を返せば、そうならない場合、つまり気温上昇がX℃～Y℃の幅に収まらない「可能性は低い」（0～33%ある）が、ないわけではないと評価されていることになる。
　このとき、「X℃」は必ずしも気温上昇の下限値や最小値を示すものではないし、「Y℃」も必ずしも気温上昇の上限値や最大値を示すものでもない。「21世紀末までに最大○℃の気温上昇が予測された」などと報じられることもあるが、可能な限り元資料での表現を確認するようにしたい。

(3)　IPCC第6次評価報告書のメッセージ
　現在の国際的取組みの科学的前提であり、企業が脱炭素経営に取り組む必要性を考える上での基礎となるIPCC第6次評価報告書の概要をみ

ていこう。

　第6次評価報告書の執筆には、世界各国の研究者約800名が参加したが、自ら研究を行うのではなく、出版された文献（科学誌に掲載された論文等）に基づいて、気候変動に関する最新の科学的知見の評価が行われた。統合報告書に記載されたメッセージ（抜粋して後掲）を、さらに筆者なりに要約すると、次の2点である。

① 第6次評価報告書公表時点ですでに1.1℃の温暖化が起きており、人為的な気候変動はすでに世界中で気象と気候の極端現象に影響している

　1点目は、人為的地球温暖化による気候変動は、もしかしたら将来起きるかもしれないリスクではなく、「今そこにある危機（Clear and Present Danger）」として認識すべきである、ということである。

　実際、2023年の夏は当時、観測史上もっとも暑い夏になったが、アントニオ・グテーレス国連事務総長は、これを捉えて、地球温暖化（Global Warming）の時代は終わり「地球沸騰化」（Global Boiling）の時代に突入し、「気候の崩壊が始まった」と、警鐘を鳴らした。

　こうした表現には、インパクトを重視し過ぎて非科学的というそしりもあるかもしれないが、各報告書ごとに作られる「政策決定者向け要約」で科学者が言いたかったことはズバリこういうことであろうと、重要な政策決定者である国連事務総長が代弁したものと考えれば、画期的である。

② 温暖化を1.5℃までに抑えられる「機会の窓」は10年で閉じる

　2点目は、残された時間は少ない、ということである。温暖化を1.5℃までに抑えるとすれば、すでに1.1℃は上昇しているので、猶予は0.4℃しかない（単月で見れば、2023年9月は産業革命前に比べて1.8℃の気温上昇で、一時的でも1.5℃を突破した）。「緩和」は、最終的な排出削減の目標水準だけでなく、削減の時期と速度が重要である。

　それは、排出削減がなかなか進まないまま時間が経過した後に急激に

減らした場合（経路A）と、早期に大幅な排出削減を実現して同じ時間が経過した場合（経路B）では、その間の累積の排出量に大きな差が出るためである。

脱炭素は、夏休みの宿題のように、期日間際になって慌てて取り組んで帳尻を合わせる、あるいは、ボクシングの減量のように計量日に一度クリアすればその後体重を戻してもOK、というようなわけにはいかないのである。

【図表1－1－9】排出削減経路による累積排出量の差（イメージ）

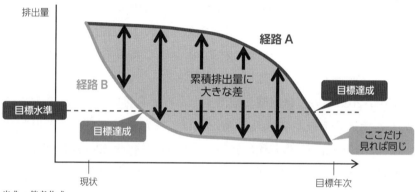

出典：筆者作成

「2030アジェンダ」にも、「我々は、……地球を救う機会を持つ最後の世代にもなるかも知れない」という一節がある（第50段落）。2020年代に生きる現在世代の責任は「現在から数千年先まで影響を持つ」ほど重いが、まだ間に合う、というのが科学者のメッセージである。今、企業に脱炭素経営が求められる理由はここにある。

【図表1－1－10】IPCC第6次評価報告書「統合報告書」の主なメッセージ

<現状と傾向>
●人間活動が主に温室効果ガスの排出を通して地球温暖化を引き起こしてきたことには疑う余地がなく、1850～1900年を基準とした世界平均気温は2011～2020年に1.1℃の温暖化に達した。

- 大気、海洋、雪氷圏、及び生物圏に広範かつ急速な変化が起こっている。人為的な気候変動は、既に世界中の全ての地域において多くの気象と気候の極端現象に影響を及ぼしている。このことは、自然と人々に対し広範な悪影響、及び関連する損失と損害をもたらしている。
- 2021年10月までに発表された「国が決定する貢献（NDCs）」によって示唆される2030年の世界全体のＧＨＧ排出量では、温暖化が21世紀の間に1.5℃を超える可能性が高く、温暖化を2℃より低く抑えることが更に困難になる可能性が高い。

＜長期的・短期的応答＞
- 継続的な温室効果ガスの排出は更なる地球温暖化をもたらし、考慮されたシナリオ及びモデル化された経路において最良推定値が2040年（※多くのシナリオ及び経路では2030年代前半）までに1.5℃に到達する。
- 将来変化の一部は不可避かつ／又は不可逆的だが、世界全体の温室効果ガスの大幅で急速かつ持続的な排出削減によって抑制しうる。
地球温暖化の進行に伴い、損失と損害は増加し、より多くの人間と自然のシステムが適応の限界に達する。
- 温暖化を1.5℃又は2℃に抑制しうるかは、主にCO_2排出正味ゼロを達成する時期までの累積炭素排出量と、この10年の温室効果ガス排出削減の水準によって決まる。
- 全ての人々にとって住みやすく持続可能な将来を確保するための機会の窓が急速に閉じている。この10年間に行う選択や実施する対策は、現在から数千年先まで影響を持つ。
- 気候目標が達成されるためには、適応及び緩和の資金はともに何倍にも増加させる必要があるだろう。

＜緩和・適応＞
- 温暖化を1.5℃又は2℃に抑えるには、この10年間に全ての部門において急速かつ大幅で、ほとんどの場合即時の温室効果ガスの排出削減が必要であると予測される。
- 世界の温室効果ガス排出量は、2020年から遅くとも2025年までにピー

クを迎え、世界全体でCO_2排出量正味ゼロは、1.5℃に抑える場合は2050年初頭、2℃に抑える場合は2070年初頭に達成される。
● 実現可能で、効果的かつ低コストの緩和と適応のオプションは既に利用可能だが、システム及び地域にわたって差異がある

出典：環境省資料「IPCC第6次評価報告書（ＡＲ６）統合報告書（ＳＹＲ）の概要」
https://www.env.go.jp/content/000126429.pdf

3　世界の取組みの経過と動向：気候変動枠組条約を中心に

(1)　気温変動枠組条約（1992年）

　世界の気候変動対策の大枠は、毎年開催される気候変動枠組条約（締約国数：198ヵ国・機関）の締約国会議（ＣＯＰ）で決定されている（【図表１－１－11】）。

　気候変動枠組条約は1992年５月に採択され、「気候系に対して危険な人為的干渉を及ぼすこととならない水準において大気中の温室効果ガスの濃度を安定化させることを究極的な目的」とし、「そのような水準は、生態系が気候変動に自然に適応し、食糧の生産が脅かされず、かつ、経済開発が持続可能な態様で進行することができるような期間内に達成されるべきである」とされている。

　ＣＯＰ３（1997年）で採択された「京都議定書」、ＣＯＰ21（2015年）で採択された「パリ協定」は、この条約の目的に基づいて、いつまでに・誰が・どのように・どのくらいの温室効果ガス排出削減をすべきかを定めた文書ということができる。

　なお、各国の事情や資金力・技術力は異なるので、目標値の設定に合意するのは容易ではなく、また、気候変動問題が各国政府や企業、人々の優先順位リストの中で上位に位置するとは限らないので、合意されたからといって着々と取組みが進むわけではない。

【図表1－1－11】気候変動枠組条約に基づく合意等の概略

年（COP）	合意等概要
1992年	気候変動枠組条約採択（1994年発効）
1997年（COP3）	「京都議定書」採択（2005年発効） 先進国の温室効果ガス削減目標
2001年（COP7）	「マラケシュ合意」COP決定 京都議定書運用の細則について合意
2009年（COP15）	「コペンハーゲン合意」COPとして留意 先進国は2020年までの削減目標、途上国は削減行動を提出すること等（COPとしての決定には至らず）
2010年（COP16）	「カンクン合意」（COP決定） 先進国は2020年までの削減目標、途上国は削減行動を提出すること等（コペンハーゲン合意の内容に基づくもの）
2011年（COP17）	「ダーバン合意」（COP決定） 全ての国が参加する新たな枠組み構築に向けた作業部会（ADP）が設置
2012年（COP18）	「ドーハ気候ゲートウェイ」（COP及びCMP決定） 京都議定書第2約束期間（2013年～2020年）が設定
2015年（COP21）	パリ協定採択（2016年発効） 2020年以降の枠組みとして、全ての国が参加する制度の構築に合意
2018年（COP24）	「パリ協定実施指針」（CMA決定）採択 2020年以降のパリ協定の本格運用に向けて、パリ協定の実施指針（CMA1決定）が採択（第6条市場メカニズム部分を除く）
2021年（COP26）	「グラスゴー気候合意」（COP/CMP/CMA決定） 1.5℃努力目標追求の決意を確認しつつ、今世紀半ばのカーボン・ニュートラル及びその経過点である2030年に向けて野心的な気候変動対策を締約国に求めることに合意 第6条市場メカニズム部分の実施指針（CMA3決定）が採択

COP：国連気候変動枠組条約締約国会議
CMP：京都議定書締約国会合
CMA：パリ協定締約国会合
出典：外務省ＨＰ「気候変動に関する国際枠組み」等を参照して筆者作成
https://www.mofa.go.jp/mofaj/ic/ch/page22_003283.html

(2) 世界の温室効果ガス排出量の推移（1990～2023年）

　実は世界の温室効果ガス排出量は、1990年以降、ほぼ一貫して増加し続けている（【図表1－1－12】）。二酸化炭素換算で、1990年水準の378億t-CO_2eから2023年の571億t-CO_2eへ、1.51倍に増加している。排

出削減どころではない状況となっている。

化石燃料由来の温室効果ガス排出量に限ってみると、2000年代後半と2020年に、グラフにわずかな「へこみ」が見てとれる。前者は2008～2009年にかけてのリーマンショック、後者は新型コロナウイルス感染症パンデミック（コロナ禍）の時期に相当する。

経済活動が大きく減退したこれらの時期でも、温室効果ガス排出量は短期的にわずかの影響しか受けなかったことがわかる。

【図表１－１－12】世界の温室効果ガス排出量の推移

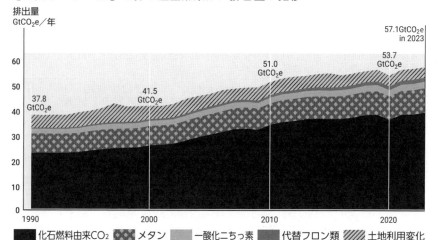

※ $GtCO_2e$：Gt は10億t、CO_2e は様々な温室効果ガスを地球温暖化係数（GWP）を用いて二酸化炭素量に換算した量を示す（e は equivalent の略）
出典：United Nations Environment Programme（UNEP）. Emissions Gap Report 2024: No more hot air... please! p.5 をもとに作成
https://www.unep.org/resources/emissions-gap-report-2024

それでは、人類社会はこの30年間、ずっと無策であったのかといえば、必ずしもそうとはいえない。

同じ期間（1990～2023年）に、世界ＧＤＰは36.1兆ドルから90.8兆ドル（2015年米ドル価格）へと、2.52倍に増加した（【図表１－１－13】）。

経済活動と同じペースで温室効果ガス排出量が増加したならば2.52倍になるところ、1.51倍に収まっているのは、ＧＤＰ１単位当たりのＧＨ

G排出量が削減されたからである。

単純計算すると、1990年は379億t-CO₂e／36.1兆ドル＝10.5億t-CO₂e／兆ドルだったのが、2023年には571億t-CO₂e／90.8兆ドル＝6.3億t-CO₂e／兆ドルとなり、約40％の改善となる。

【図表１－１－13】世界ＧＤＰの推移（1990～2023年）（米ドル2015年価格）

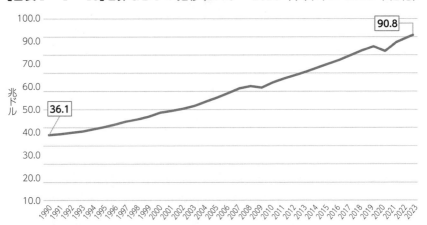

出典：世界銀行 World Bank Open Data より筆者作成
https://data.worldbank.org/indicator/NY.GDP.MKTP.KD?view=chart

また、1990～2023年の33年間で、世界人口は52.8億人から80.6億人へと、1.53倍に増加した（【図表１－１－14】）。

人口増加と同じペースで温室効果ガス排出量が増加したならば1.53倍のところ、1.51倍に収まっているのは、人口１人当たりのＧＨＧ排出量がごくわずかに削減されたからである。

単純計算すると、1990年は378億t-CO₂e／52.8億人＝7.2t-CO₂e／人だったのが、2023年には571億t-CO₂e／80.6億人＝7.1t-CO₂e／人となり、約１％の改善となる。

【図表1－1－14】世界人口の推移（1990〜2023年）

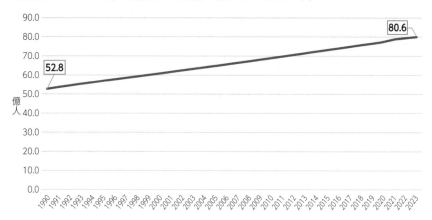

出典：国連経済社会局人口 World Population Prospects 2024 をもとに作成
https://population.un.org/wpp/downloads?folder=Standard%20Projections&group=Most%20used

　日本では、今では当たり前のように日常生活に溶け込んでいるハイブリッド自動車は1990年代後半（トヨタ自動車の初代プリウス発売は1997年）、ＬＥＤ照明は2000年代後半から普及が始まった。こうした低炭素型製品の開発や普及がその時期に進んだのは偶然ではなく、気候変動枠組条約に基づく気候変動問題への取組みが事業環境に影響を与えてきた結果である。

　とはいえ、いくらＧＤＰ当たり、人口当たりの排出量が改善されたとしても、温室効果ガス排出量の「総量」が増加している限り地球温暖化は進行してしまう。そのため、一層の削減努力（「緩和」策）が必要とされてる。

　このことは、一企業の脱炭素経営にも当てはまる。企業の発展に伴い、事業活動を拡大し、売上規模や従業員数が増加していくと、通常は温室効果ガス排出の「総量」は増加していく。なりゆきで規模の経済が働くことで、売上高、出荷量、従業員数当たりなどの「原単位」は低減傾向になるが、「総量」削減には至らないことは、さきほど見た、世界全体の温室効果ガス排出量の推移と同じである。

逆に、事業活動が低迷・縮小すると、「原単位」は悪化し「総量」は削減される傾向になるが、企業経営にとっては望ましいことではない。

実際にはなかなか難しいことではあるが、なりゆきを超えた削減努力による「原単位」低減で、「総量」削減を実現していくのが脱炭素経営の理想である。

(3) 京都議定書（1997年）

本題に戻り、この30年ほどの間に気候変動枠組条約に基づいて成立した主要な合意のうち、主として排出削減（緩和）に関する内容をみていく。

まず、最初は京都議定書である。京都議定書は、1997年に京都で開催されたＣＯＰ３の成果文書である（2005年2月に発効）。

国連気候変動枠組条約の附属書Ⅰ国に対し、一定期間（約束期間）における温室効果ガス排出量の削減義務として、1990年比の削減目標を課したものである。附属書Ⅰ国以外の締約国（途上国等）には削減目標が課されなかった（【図表1－1－15】）。

附属書Ⅰ国とは、気候変動枠組条約において、温室効果ガス削減目標に言及のある国々で、日米欧の先進国および東欧・旧ソ連圏・一部ＥＵ加盟国の市場経済移行国が該当する。

【図表1－1－15】気候変動枠組条約上の義務

	全締約国の義務	附属書Ⅰ国の義務
全般的・横断的事項	●インベントリの作成・定期的更新・公表 ●自国政策における気候変動の考慮 ●気候変動に関する理解や情報交換、教育・訓練・啓発の増進 ●気候変動の影響又は対応措置の実施から生ずる途上国のニーズ及び懸念に対する措置に考慮 ●後発途上国や産油国等の事情への配慮	**附属書Ⅱ国の義務** ●途上国の義務履行のための、新規かつ追加的な資金の供与 ●資金の流れの妥当性、先進国間の適当な責任分担の重要性等への配慮 ●他締約国に対する環境上適正な技術・ノウハウの移転促進、資金供与のために可能な全ての措置の実施
緩和措置	●緩和のための計画の作成・実施・公表・定期的更新 ●GHGs排出抑制技術、開発、普及 ●GHGs吸収源や貯蔵庫の持続可能な管理、保全の促進 ●緩和対策による経済・環境への悪影響の最小化	●GHGsの人為的排出のより長期的傾向を是正させるような政策を策定し対応措置を講じる ●上記に関する情報を定期的に締約国会議に報告(その報告は、GHGsの排出を2000年までに1990年の水準に戻すとの目的で行う) ●GHGS排出量を増大させる自国の政策・慣行の特定、定期的検討
適応措置	●適応のための計画の作成・実施・公表・定期的更新 ●適応の準備のための協力、計画の作成 ●適応対策による経済・環境への悪影響の最小化	**附属書Ⅱ国の義務** ●脆弱な途上国の適応に対する支援

出典:中央環境審議会地球環境部会気候変動に関する国際戦略専門委員会(第5回会合)
資料1「気候変動枠組条約及び京都議定書の概要」(2004年10月5日)14頁
https://www.env.go.jp/council/06earth/y064-05/mat01.pdf

　2008～2012年の約束期間における削減目標として、1990年を基準に日本:6%削減、アメリカ:7%削減、EU:8%削減等が設定され、先進国全体で少なくとも5%削減を目指すこととなった。ただし、アメリカは京都議定書に署名はしたものの締結はせず、EUは目標の共同達成(バブル)という手法でEU全体として削減目標に取り組むこととなった(【図表1－1－16】)。

【図表1－1－16】京都議定書の概要

対象ガス	二酸化炭素、メタン、一酸化二窒素、代替フロン等3ガス（HFC,PFC,SF$_6$）の合計6種類
吸収源	森林等の吸収源による二酸化炭素吸収量を算入
基準年	1990年（HFC,PFC, SF$_6$は1995年としても可）
約束期間	2008年～2012年の5年間
数値目標	日本△6%、米国△7%、EUA8% 等 先進国全体で少なくとも5%削減を目指す
特徴	国際的に協調して費用効果的に目標を達成するための仕組み（京都メカニズム）を導入

出典：中央環境審議会地球環境部会気候変動に関する国際戦略専門委員会（第5回会合）
資料1「気候変動枠組条約及び京都議定書の概要」（2004年10月5日）16頁
https://www.env.go.jp/council/06earth/y064-05/mat01.pdf

　その後、2012年には、アラブ首長国連邦ドーハで開催されたＣＯＰ18で京都議定書が改定され、2013～2020年の約束期間が設定された。
　ただし、日本は、京都議定書には世界の排出量の40％を占めているアメリカ・中国が参加せず、世界全体の排出量の27％しかカバーしていないため、公平かつ実効的な新たな国際的枠組みの構築が必要との立場（注4）から第二約束期間には参加せず、自主的な排出削減を継続することとした。

(4) パリ協定（2015年）

　京都議定書は、温室効果ガスの排出削減目標に関する初めての国際合意という点で画期的であったが、世界全体の温室効果ガス排出量が増加し続ける中で対象国が限定され、カバー率が低いという問題点があった。
　ＣＯＰ17（2011年）でのダーバン合意において、すべての国が参加する新たな枠組み構築に向けた作業部会の設置を経て、京都議定書の第二約束期間が終了する2020年以降の排出削減の枠組みについての交渉が続いた。その成果が、ＣＯＰ21（2015年）で採択されたパリ協定である。
　パリ協定では、世界共通の長期目標として、「世界全体の平均気温の上昇を工業化以前よりも2℃高い水準を十分に下回るものに抑えるこ

と」、さらに、「1.5℃高い水準までのものに制限するための努力」が設定された（協定第2条）（【図表1－1－17】）。

ここでいう長期とは、「今世紀後半に温室効果ガスの人為的な発生源による排出量と吸収源による除去量との間の均衡を達成する」（協定第4条）とあるように、2050年以降ということになる。

また、「排出量と吸収源による除去量との間の均衡を達成」は、すなわちカーボンニュートラルの考え方を示したものである。

ただし、前述のように、排出経路によって累積排出量は異なるため、「世界全体の温室効果ガスの排出量ができる限り速やかにピークに達すること」（同条）も併せて規定されている。

この目標に向けて、先進国等（附属書Ⅰ国）だけでなく、開発途上国（附属書Ⅱ国）も含め、すべての締約国が削減目標を5年ごとに提出・更新することとなった。これに基づいて締約国から国連に提出される文書を「国が決定する貢献（NDC）」と呼ぶが、これを集約することで、世界全体の削減目標を集計し数値化できるようになった。

【図表1－1－17】パリ協定の概要

目的	世界共通の長期目標として、産業革命前からの平均気温の上昇を2℃より十分下方に保持。1.5℃に抑える努力を追求。
目標	上記の目的を達するため、今世紀後半に温室効果ガスの人為的な排出と吸収のバランスを達成できるよう、排出ピークをできるだけ早期に迎え、最新の科学に従って急激に削減。
各国の目標	各国は、約束（削減目標）を作成・提出・維持する。削減目標の目的を達成するための国内対策をとる。削減目標は、5年毎に提出・更新し、従来より前進を示す。
長期戦略	全ての国が長期の低排出開発戦略を策定・提出するよう努めるべき。（COP決定で、2020年までの提出を招請）
グローバル・ストックテイク（世界全体での棚卸ろし）	5年毎に全体進捗を評価するため、協定の実施を定期的に確認する。世界全体の実施状況の確認結果は、各国の行動及び支援を更新する際の情報となる。

出典：環境省HP「パリ協定の概要」
https://www.env.go.jp/content/900440463.pdf

(5) グラスゴー気候合意（2021年）

　2021年イギリスのグラスゴーで開催されたＣＯＰ26までに、各国のＮＤＣ更新が出そろったが、合計してみると、到底2℃目標の達成には至らない目標設定であった。

　一方、ＣＯＰ21（2015年）からＣＯＰ26（2021年）までの間に、IPCC「1.5℃特別報告書」の公表（2018年）があり、また第6次評価報告書の公表も始まっていた。

　これを受けて、グラスゴー気候合意では、パリ協定では努力目標の1.5℃目標達成に向けて、今世紀半ばのカーボンニュートラル（温室効果ガス排出量実質ゼロ）と、その重要な経過点となる2030年に向けて、野心的な対策を各国に求めることが盛り込まれた(注5)。

　そのほか、市場メカニズムに関する実施指針、各国の排出量等の報告形式、各国の排出削減目標に向けた共通の時間枠といった重要議題について合意に至り、パリ協定の運用ルールが定まった。

　グラスゴー気候合意で、排出削減は2℃目標から1.5℃目標への上方修正が実質的な国際合意となり、そのため、2030年までの早期排出削減が求められることとなった。

　なお、各国の時期ＮＤＣ（ＮＤＣ3.0）の提出期限は2025年2月10日であったが、期限内に提出されたのはわずか13ヶ国にすぎなかった。

(6) 2℃目標から1.5℃目標へ

　気温上昇を工業化以前に比べて1.5℃以内に抑えなければならない、という目標において、「1.5℃」とする理由は何であろうか。

　気温上昇を何度以下に抑えるべきか、という目標を示したのは、2010年12月にメキシコのカンクンで開催されたＣＯＰ16のカンクン合意(注6)である。

　同合意では、IPCC第4次評価報告書に言及しながら、工業化以前の水準と比べて地球の平均気温の上昇を2℃以下に抑えられるように温室

効果ガスの排出を削減する必要があるとの認識が示された。

なお、「工業化以前の気温」については、信頼できる観測値のある1850～1900年のデータが代用されており、日本でいえば江戸時代末期から明治時代が相当する。

世界共通の長期目標として2℃目標を設定したＣＯＰ21のパリ協定（2015年）の前提となったのはIPCC第5次評価報告書である。

さらにその後、2018年に公表されたIPCC「1.5℃特別報告書」では、「現在と1.5℃の地球温暖化の間、及び1.5℃と2℃の地球温暖化の間には、地域的な気候特性に明確な違いがある」(注7)としている。いくつかの例を抜粋して示すと以下のとおりである（【図表1－1－18】）。

【図表1－1－18】気温上昇1.5℃の世界と2℃の世界の違い（例）

1.5℃の地球温暖化に関する予測	2℃の地球温暖化に関する予測
中緯度域の極端に暑い日が約3℃昇温する	中緯度域の極端に暑い日が約4℃昇温する
2℃に比べて1.5℃に地球温暖化を抑えることで、極端な熱波に頻繁に晒される人口が約4.2億人、例外的な熱波に晒される人口が6,500万人減少する	
1976～2005年を基準として、洪水による影響を受ける人口が100％増加する	1976～2005年を基準として、洪水による影響を受ける人口が170％増加する
サンゴ礁は、さらに70～90％が減少する	サンゴ礁は、99％以上が消失する

出典：環境省「IPCC『1.5℃特別報告書』の概要」p.33～39頁より抜粋
https://www.env.go.jp/content/900442309.pdf

世界規模の未来の話なので、これらの記述を読んで、リアリティをもってその違いを感じることは難しいかもしれない。しかし、2024年の平均気温は通年で産業革命前＋1.6℃に達した。日本でも各地で連日の猛暑日だったことは、気憶に新しいところである。生活者の体感としていえば、＋1.5℃の世界は、毎年2024年のような気候が平均的な姿となるものと考えると、イメージしやすいかもしれない。

【図表1−1−19】2024年の世界平均気温は＋1.6℃

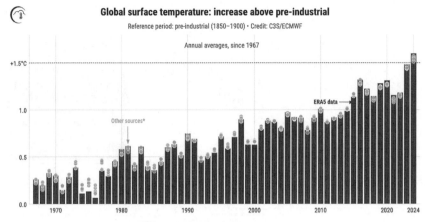

出典：コペルニクス気候変動サービス2025年1月10日公表資料より
https://climate.copernicus.eu/global-climate-highlights-2024

(7) カーボンバジェットの考え方

気候変動を抑えるためには、「緩和」がもっとも必要かつ重要な対策であるが、実際に気温上昇を1.5℃に抑えるためには、どれだけの温室効果ガスの排出削減が必要であるかを数値化する必要がある。

ちなみに、気候変動シミュレーションは複雑化・高度化しているが、結局のところ、「温室効果ガスが増えれば、気温が上昇する」という事実に基づいている。

また、観測データの積み重ねとシミュレーションの進展により、「どのくらい温室効果ガスが増えれば、どのくらい気温が上昇するか」が推定できるようになってきている。すると逆に、気温上昇を何度までに抑えればよいか、という目標値が定まれば、温室効果ガスの累積の排出量をどれだけに抑えなければならないかがわかる（【図表1−1−20】）。

【図表１－１－20】累積CO_2排出量１兆t-CO_2で0.45℃気温上昇

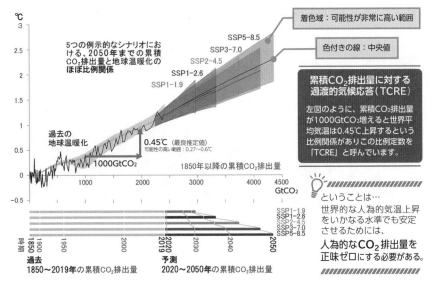

図 累積CO_2排出量と世界平均気温の上昇量との間のほぼ比例関係　出典：AR6 WG1 図SPM.10

出典：文部科学省・気象庁「ＩＰＣＣ（気候変動に関する政府間パネル）第６次評価報告書（ＡＲ６）第１作業部会（ＷＧ１）報告書『気候変動2021 自然科学的根拠』解説資料基礎編」18頁
https://www.mext.go.jp/content/20230531-mxt_kankyou-100000543_9.pdf

　工業化以前に比べて1.5℃の気温上昇を引き起こすのに必要な温室効果ガスの累積総排出量（Ａ）が計算され、すでに1.1℃ほどの気温上昇を引き起こすだけの温室効果ガスが累積で排出されており、その量（Ｂ）も計算可能であるとする。

　このとき、（Ａ）－（Ｂ）＝（Ｃ）が算出される。この（Ｃ）が「残余カーボンバジェット」と呼ばれるもので、これから将来に向かって人類が累積で排出できる温室効果ガスの総量となる。

　バジェット（予算）という表現が使われていることについては、お金に例えて、

　「（Ａ）人生で使ってよいお金の総額　－（Ｂ）今までの人生でもう使ってしまったお金の総額　＝（Ｃ）これからの人生で使えるお金の総額」

と考えるとわかりやすい。

IPCC第6次評価報告書では、このようにして計算された2020年以降の残余カーボンバジェットの数値を示している【図表1−1−21】。

気温上昇を1.5℃までに抑制できる可能性を50％とした場合の残余カーボンバジェットは5,000億t-CO_2である。これが、2.0℃までの抑制でよいとすれば（同じく可能性を50％とする）、1兆3,500億t-CO_2となり、1.5℃目標に比べて2.7倍も排出してよいことになる。

【図表1−1−21】残余カーボンバジェットはどれくらい？

表 過去の二酸化炭素（CO_2）排出量及び残余カーボンバジェット推定値。
残余カーボンバジェットの推定値は、2020年の初めから計算され、世界全体でCO_2排出量が正味ゼロに到達する時点まで及ぶ。これらはCO_2排出量を指すが、非CO_2排出による地球温暖化の効果も考慮している。本表における地球温暖化とは、人為的な世界平均気温の上昇を示しており、個々の年における世界全体の気温に対する自然変動の影響は含まれていない。

1850〜1900年から2010〜2019年にかけての地球温暖化（℃）		1850〜2019年にかけての過去の累積 CO_2 排出量（GtCO₂）					
1.07（0.8〜1.3；可能性が高い範囲）		2390（± 240；可能性が高い範囲）					
1850〜1900年を基準とする気温上限までのおおよその地球温暖化（℃）	2010〜2019年を基準とする気温上限までの追加的な地球温暖化（℃）	2020年の初めからの残余カーボンバジェット推定値（GtCO₂）					非 CO_2 排出削減量のばらつき**
		気温上限までで地球温暖化を抑制できる可能性 *					
		17%	33%	50%	67%	83%	
1.5	0.43	900	650	500	400	300	付随する非 CO_2 排出削減の高低により、左記の値は 220 GtCO₂ 以上増減しうる
1.7	0.63	1450	1050	850	700	550	
2.0	0.93	2300	1700	1350	1150	900	

*ここに記載した可能性は、累積CO_2排出量に対する過渡的気候応答（TCRE）と地球システムの追加的なフィードバックの不確実性に基づいており、地球温暖化が左記の2列に示された気温水準を超えない確率を示す。過去の昇温に関する不確実性（± 550 GtCO₂）と非CO_2の強制力とそれに伴う応答に関する不確実性（± 220 GtCO₂）は、TCREの不確実性の評価で一部扱われているが、2015年以降の最近の排出量の不確実性（± 20 GtCO₂）と正味ゼロのCO_2排出量を達成した後の気候応答の不確実性（± 420 GtCO₂）は別扱いとなる。
**残余カーボンバジェットの推定値は、SR1.5で評価されたシナリオで示唆される非CO_2駆動要因による温暖化を考慮している。

出典：AR5 WG1 表 SPM.2

ちなみに、2023年の世界の温室効果ガス排出量（前掲）は571億t-CO_2なので、そのペースで排出を続けると1.5℃目標の場合で8年9ヵ月分、2℃目標の場合でも23年8ヵ月分のバジェットしかないということになる。

例えば、これが「老後の貯え」の話であれば、今の暮らしを続けたらあと9年ちょっとしかお金が続かないときは、出費を削るために節約や倹約に励み、あるいは運用で資産を増やそうと考えるであろう。この節約や倹約に当たるのが排出削減であり、資産の増加に当たるのが吸収源である。また、そうした取組みを始めるのは、貯えが尽きる直前ではなくて、なるべく早く、できることなら今すぐの方が合理的なはずであり、脱炭素経営が今、強く求められているのも同じ理由である。

4　日本の取組みの経過と動向：政府の対応を中心に

(1)　日本における温室効果ガス排出削減の状況

これまでに見てきたような、科学的知見と国際的合意が積み重ねられる中で、1990年10月に閣議決定された「地球温暖化防止行動計画」を嚆矢として、日本における取組みも進んできた。

日本の温室効果ガス排出量（CO_2換算・吸収量加味せず）は、1990年度の12億7,500万 t-CO_2から、コロナ禍の始まった2020年度には11億4,700万 t-CO_2へと減少した。翌2021年度には排出量はいったん増加に転じたものの、2022年度には再び減少し11億3,500万 t-CO_2で、1990年度比で11.0％の排出削減となっている（【図表1-1-22】）。

日本の場合、温室効果ガスの約85％がエネルギー起源CO_2であるが、その排出削減が大きく寄与している（【図表1-1-23】）。また、絶対量としては少ないものの、冷媒におけるオゾン層破壊物質からの代替に伴い、ハイドロフルオロカーボン類（HFCs）の排出量が年々増加している。

【図表1-1-22】日本の温室効果ガス排出量の推移（吸収量を加味していない）

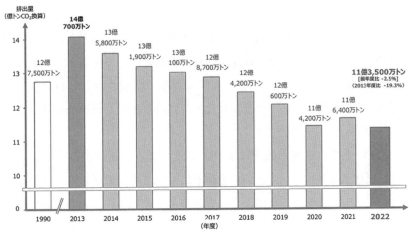

出典：環境省・国立環境研究所「2022年度の温室効果ガス排出・吸収量（詳細）」

【図表1-1-23】日本の温室効果ガス排出量の内訳（種類別）

	1990年度	2013年度	2021年度	2022年度	変化量〈変化率〉	
	排出量[シェア]	排出量[シェア]	排出量[シェア]	排出量[シェア]	2013年度比	2021年度比
合計	1,275 [100%]	1,407 [100%]	1,164 [100%]	1,135 [100%]	-271.9 〈-19.3%〉	-28.6 〈-2.5%〉
二酸化炭素（CO_2）	1,163 (91.2%)	1,318 (93.6%)	1,064 (91.4%)	1,037 (91.3%)	-280.9 〈-21.3%〉	-27.0 〈-2.5%〉
エネルギー起源	1,068 (83.7%)	1,235 (87.8%)	987 (84.8%)	964 (84.9%)	-271.3 〈-22.0%〉	-23.0 〈-2.3%〉
非エネルギー起源	95.3 (7.5%)	82.2 (5.8%)	76.6 (6.6%)	72.6 (6.4%)	-9.6 〈-11.7%〉	-4.0 〈-5.2%〉
メタン（CH_4）	49.8 (3.9%)	32.7 (2.3%)	30.4 (2.6%)	29.9 (2.6%)	-2.8 〈-8.6%〉	-0.51 〈-1.7%〉
一酸化二窒素（N_2O）	28.9 (2.3%)	19.9 (1.4%)	17.6 (1.5%)	17.3 (1.5%)	-2.6 〈-13.3%〉	-0.34 〈-1.9%〉
代替フロン等4ガス	33.4 (2.6%)	37.2 (2.6%)	52.4 (4.5%)	51.7 (4.5%)	14.5 〈+39.0%〉	-0.71 〈-1.4%〉
ハイドロフルオロカーボン類（HFCs）	13.4 (1.1%)	30.3 (2.2%)	46.9 (4.0%)	46.1 (4.1%)	15.8 〈+52.1%〉	-0.76 〈-1.6%〉
パーフルオロカーボン類（PFCs）	6.2 (0.5%)	3.0 (0.2%)	2.9 (0.2%)	3.0 (0.3%)	0.06 〈+2.1%〉	0.14 〈+4.9%〉
六ふっ化硫黄（SF_6）	13.8 (1.1%)	2.3 (0.2%)	2.2 (0.2%)	2.1 (0.2%)	-0.21 〈-8.9%〉	-0.10 〈-4.6%〉
三ふっ化窒素（NF_3）	0.0 (0.0%)	1.5 (0.1%)	0.3 (0.0%)	0.3 (0.0%)	-1.2 〈-77.6%〉	0.00 〈+1.4%〉

（注）排出量"0.0"は5万トン未満、シェア"0.0"は0.05未満 　　　（単位：百万トンCO_2換算）

出典：環境省「2022年度の温室効果ガス排出・吸収量（概要）」2頁
https://www.env.go.jp/content/000216325.pdf

(2) 主な関係法制度
① 地球温暖化対策推進法

　日本における気候変動問題への取組みの基本となるのが、地球温暖化対策の推進に関する法律（地球温暖化対策推進法）である。地球温暖化対策推進法の成立は1998年で、前年に京都で開催されたＣＯＰ３での京都議定書採択を受け、地球温暖化対策に取り組むための枠組みを定めたものである。

　2024年までの９度の改正により、都度、様々な規定が盛り込まれてきた（【図表１－１－24】）が、実務上において脱炭素経営に取り組む場合は、2005年改正により創設された温室効果ガス算定・報告・公表制度が重要である。また、2021年改正では2050年カーボンニュートラルが基本理念として法に位置付けられている（同法２条の２）。

【図表１－１－24】地球温暖化対策推進法の成立・改正経緯

年	内　容
1998年 成立	京都で開催された気候変動枠組条約第３回締約国会議（ＣＯＰ３）での京都議定書の採択を受け、国、地方公共団体、事業者、国民が一体となって地球温暖化対策に取り組むための枠組みを定めた。
2002年 改正	京都議定書締結を受け、京都議定書の的確かつ円滑な実施を確保するため、京都議定書目標達成計画の策定、計画の実施の推進に必要な体制の整備等を定めた。
2005年 改正	京都議定書が発効されたことを受け、また、温室効果ガスの排出量が基準年度に比べて大幅に増加している状況も踏まえ、温室効果ガス算定・報告・公表制度の創設等について定めた。
2006年 改正	京都議定書に定める第一約束期間を前に、政府及び国内の法人が京都メカニズムを活用する際の基盤となる口座簿の整備等、京都メカニズムクレジットの活用に関する事項について定めた。
2008年 改正	京都議定書の６％削減目標の達成を確実にするため、事業者の排出抑制等に関する指針の策定、地方公共団体実行計画の策定事項の追加、植林事業から生ずる認証された排出削減量に係る国際的な決定により求められる措置の義務付け等について定めた。
2013年 改正	京都議定書目標達成計画に代わる地球温暖化対策計画の策定や、温室効果ガスの種類に３ふっ化窒素（ＮＦ３）を追加することなどを定めた。
2016年 改正	地球温暖化対策の記載事項として、国民運動の強化と、国際協力を通じた温暖化対策の推進を追加した。
2021年 改正	2020年秋に宣言された2050年カーボンニュートラルを基本理念として法に位置づけるとともに、その実現に向けて地域の再エネを活用した脱炭素化の取組や、企業の排出量情報のデジタル化・オープンデータ化を推進する仕組み等を定めた。
2022年 改正	脱炭素社会の実現に向けた対策の強化を図るため、温室効果ガスの排出の量の削減等を行う事業活動に対し資金供給等を行うことを目的とする株式会社脱炭素化支援機構の設立等に関する規定を定めた。
2024年 改正	国内外で地球温暖化対策を加速するため、JCMクレジットの発行、管理等に関する手続等を行うことができる指定法人制度の創設、地域共生型再エネの導入促進に向けた地域脱炭素化促進事業制度の拡充等について定めた。

出典：環境省ＨＰ「地球温暖化対策推進法の成立・改正の経緯」をもとに作成
https://www.env.go.jp/earth/ondanka/keii.html

② 省エネ法

エネルギーの使用の合理化及び非化石エネルギーへの転換等に関する法律（省エネ法）は、1979年に成立し、当初は工場等の産業部門における省エネルギーを進めることを目的としていた。

日本の温室効果ガス排出量の大半をエネルギー起源CO_2が占めていることから、省エネルギーの推進は温室効果ガス排出削減の観点からも重要であり、1990年代後半から地球温暖化対策としての役割を兼ねるようになってきた。

現在では、工場だけでなく、輸送、フランチャイズ店舗、機械器具なども対象とするようになっている（【図表1－1－25】）。なお、建築物についての規制は、2017年度より、建築物のエネルギー消費性能の向上に関する法律（建築物省エネ法）に移行している。

【図表1－1－25】省エネ法の概要

※建築物に関する規定は、2017年度より建築物省エネ法に移行

出典：経済産業省HP 省エネポータルサイト「省エネ法の概要」
https://www.enecho.meti.go.jp/category/saving_and_new/saving/enterprise/overview/

③ フロン排出抑制法

フロン類の使用の合理化及び管理の適正化に関する法律（フロン排出抑制法）は、オゾン層破壊物質であるフロン類の大気への排出抑制を目的とする法律である（【図表1－1－26】）。フロン類は強力な温室効果ガスでもあることから、地球温暖化対策としても重要である。

代替フロン等4ガス（HFC、PFC、SF_6、NF_3）は、冷凍空調機器の冷媒用途を中心に使用が拡大し、排出量も増加傾向にある。

家庭用のルームエアコンや電気冷蔵庫・冷凍庫については家電リサイクル法、カーエアコンについては自動車リサイクル法に基づくフロン類の回収が行われている。

【図表1－1－26】フロン排出抑制法の概要

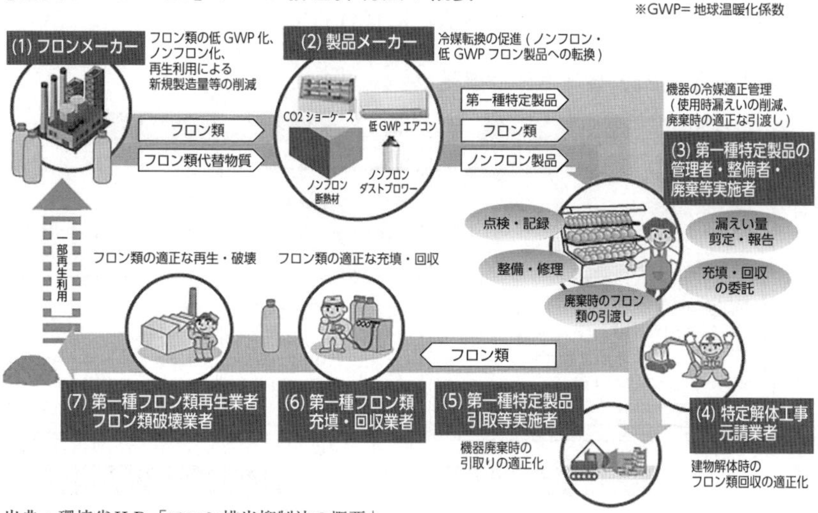

出典：環境省HP「フロン排出抑制法の概要」
https://www.env.go.jp/earth/furon/gaiyo/gaiyo.html

(3) 2050年カーボンニュートラル目標
① カーボンニュートラル宣言

2020年10月、日本政府は2050年までに温室効果ガスの排出を全体としてゼロにする、カーボンニュートラルを目指すことを宣言した。

カーボンニュートラルとは、温室効果ガスの排出量と吸収量を均衡させることで、二酸化炭素をはじめとする温室効果ガスの「排出量」から、植林、森林管理などによる「吸収量」を差し引いて、合計を実質的にゼロにすることである。この宣言は、「今世紀後半に温室効果ガスの人為的な発生源による排出量と吸収源による除去量との間の均衡を達成する」というパリ協定を踏まえたものであり、日本として、今世紀前半の最終年の2050年までにこれを実現する意思を示すとともに、2021年の地球温暖化対策推進法の改正において2050年カーボンニュートラルが基本理念として位置付けられている（前述(2)①参照）。

② 地球温暖化対策計画

2021年に改定された地球温暖化対策計画においても、「2050年目標と整合的で野心的な目標として、2030年度に温室効果ガスを2013年度から46％削減することを目指し、さらに、50％の高みに向けて挑戦を続けていく」(注8)ことが示された。

2013年実績に対して、2030年の排出量を46％削減するということは、毎年一定の比率で削減すると仮定して、年率2.7％（46％÷17年）に相当する。これを2050年まで延長すれば37年となり、37年×年率2.7％≒100％となる。つまり、2050年カーボンニュートラル達成と整合的な削減率ということになる。

また、この内容をもとに、「日本のＮＤＣ（国が決定する貢献）」（2021年10月22日地球温暖化対策推進本部決定）(注9)が国連に提出されている。

さらに、2025年2月には地球温暖化対策計画の再改定が閣議決定(注10)され、上記の年率2.7％の削減ペースを延長する形で、「2035年度、2040年度において、温室効果ガスを2013年度からそれぞれ60％、73％削減することを目指す」こと（直線的経路による削減）が示された（【図表1－1－27・28】）。また、この目標が次期NDC（温室効果ガス削減目標）

として国連気候変動枠組条約事務局に提出された。

【図表1－1－27】次期削減目標

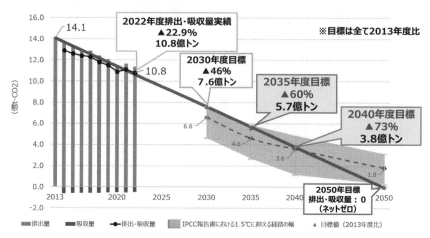

出典：内閣官房・環境省・経済産業省「地球温暖化対策計画の概要」2025年2月 p.1
https://www.meti.go.jp/shingikai/sankoshin/sangyo_gijutsu/chikyu_kankyo/ondanka_2050/pdf/009_03_02.pdf

【図表1－1－28】温室効果ガス別の排出削減・吸収量の目標・目安

(単位：100万t-CO_2、括弧内は2013年度比の削減率)

		2013年度実績	2030年度（2013年度比）※1	2040年度（2013年度比）※2
温室効果ガス排出量・吸収量		1,407	760（▲46％※3）	380（▲73％）
	エネルギー起源CO_2	1,235	677（▲45％）	約360～370（▲70～71％）
	産業部門	463	289（▲38％）	約180～200（▲57～61％）
	業務その他部門	235	115（▲51％）	約40～50（▲79～83％）
	家庭部門	209	71（▲66％）	約40～60（▲71～81％）
	運輸部門	224	146（▲35％）	約40～80（▲64～82％）
	エネルギー転換部門	106	56（▲47％）	約10～20（▲81～91％）
非エネルギー起源CO_2		82.2	70.0（▲15％）	約59（▲29％）
メタン（CH_4）		32.7	29.1（▲11％）	約25（▲25％）
一酸化二窒素（N_2O）		19.9	16.5（▲17％）	約14（▲31％）
代替フロン等4ガス		37.2	20.9（▲44％）	約11（▲72％）
吸収源		-	▲47.7 (-)	▲約84 (-) ※4
二国間クレジット制度（JCM）		-	官民連携で2030年度までの累積で1億t-CO_2程度の国際的な排出削減・吸収量を目指す。我が国として獲得したクレジットを我が国のNDC達成のために適切にカウントする。	官民連携で2040年度までの累積で2億t-CO_2程度の国際的な排出削減・吸収量を目指す。我が国として獲得したクレジットを我が国のNDC達成のために適切にカウントする。

※1 2030年度のエネルギー起源二酸化炭素の各部門は目安の数値。
※2 2040年度のエネルギー起源二酸化炭素及び各部門については、2040年度エネルギー需給見通しを作成する際に実施した複数のシナリオ分析に基づく2040年度の最終エネルギー消費量等を基に算出したもの。
※3 さらに、50％の高みに向け、挑戦を続けていく。
※4 2040年度における吸収量は、地球温暖化対策計画第3章第2節3．（1）に記載された新たな森林吸収量の算定方法を適用した場合に見込まれる数値。

出典：内閣官房・環境省・経済産業省「地球温暖化対策計画の概要」2025年2月 p.3
https://www.meti.go.jp/shingikai/sankoshin/sangyo_gijutsu/chikyu_kankyo/ondanka_2050/pdf/009_03_02.pdf

③ パリ協定に基づく成長戦略としての長期戦略

2021年の地球温暖化対策計画改定時に閣議決定された「パリ協定に基づく成長戦略としての長期戦略」では、「今を生きる我々が環境問題の解決を図りながら傷ついた経済を立て直し、将来の世代が豊かに生きていける社会を実現するために、イノベーションによるグリーン成長を加速させるとともに、『脱炭素社会への移行』・『循環経済への移行』・『分散型社会への移行』という3つの移行を加速させることにより、持続可能で強靱な経済社会へのリデザイン（再設計）を強力に進めていく」との考え方が示された（注11）。これは、パリ協定への対応としての地球温暖化対策が、環境政策だけではなく成長戦略、つまり経済政策の土俵に入って来た、ということである。

あえて単純に図式化すれば、30年間にわたる気候変動問題を巡る国際交渉は、先進国と途上国の綱引き、国内的には環境政策と経済政策の綱引きであったといえるが、2050年カーボンニュートラル宣言をきっかけに「イノベーションによるグリーン成長」を原動力とする成長戦略に位置付けられたことは、大きな政策の転換点であったと考えられる。

なお、2019年6月に閣議決定された「パリ協定に基づく成長戦略としての長期戦略」という同名の文書もあるが、これが2050年カーボンニュートラル宣言を挟んで、イノベーションを重視した内容に大きく変容した、といえる。

④ ＧＸ基本方針（ＧＸ：グリーントランスフォーメーション）

2023年2月10日に閣議決定された「ＧＸ実現に向けた基本方針～今後10年を見据えたロードマップ～」は、今後10年間で官民150兆円超のＧＸ投資の実現を目指している（【図表1－1－29】）。

投資である以上は、お金を投じて終わりではなく、リターンを得なければならない。地球温暖化対策は投資回収の文脈で考えるべきテーマになってきている。

さらに、2025年2月には「GX2040ビジョン 脱炭素成長型経済構造移行推進戦略 改訂」が閣議決定された(注12)。

　GX2040ビジョンは、ロシアによるウクライナ侵略や中東情勢の緊迫化の影響、DXの進展や電化による電力需要の増加の影響、経済安全保障上の要請によるサプライチェーンの再構築のあり方、カーボンニュートラルに必要とされる革新技術の導入スピードやコスト低減の見通しなど、将来の見通しに対する不確実性が高まる中、GXに向けた投資の予見可能性を高めるため、長期的な方向性を示すものと位置付けられている。

【図表1－1－29】GX実現ロードマップの全体像

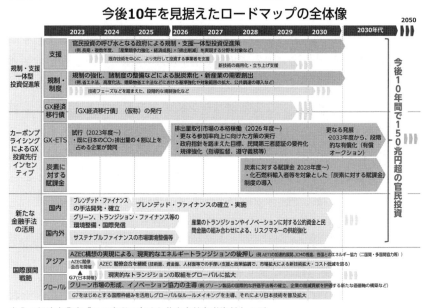

出典：経済産業省「GX実現に向けた基本方針参考資料」2頁
https://www.meti.go.jp/press/2022/02/20230210002/20230210002_3.pdf

⑤　日本経団連（日本経済団体連合会）

　2050年カーボンニュートラル実現に向けた政府の政策は、産業界にとっても大きな魅力がある。

日本経団連は、2022年5月に公表した「グリーントランスフォーメーション（GX）に向けて」において、2050年カーボンニュートラル実現のためには、2050年までに累計で400兆円程度の投資が必要との試算に基づき、この投資が実行された場合、1,000兆円経済が実現するとの展望を描いている（【図表1－1－30】）。

　これによると、2019年度の実質GDP（2011年基準）537.5兆円が2050年度には1,026.8兆円へと1.9倍に増加するという、GDPがほぼ倍増する計画となっている。

　1997年9月、COP3の直前に経団連が公表した見解に、「規制的手法や経済的手法によって経済的に合わない投資を強いることによって、さらに大幅な削減をしようとすれば、日本企業は生産の縮小あるいは海外への生産移転を余儀なくされ、雇用への深刻な影響を引き起こし、国民経済が成り立たなくなることも有り得よう」との記述がみられる[注13]。このような考え方も、四半世紀を経てベクトルは180度逆転し、地球温暖化対策に成長投資としての大きな期待が寄せられている。その潮目となったのは、2050年カーボンニュートラル宣言だと考えられる。

【図表1－1－30】GXで1000兆円経済の実現

	2019年度実績	GX実現シナリオ
実質GDP（※ 2011年基準）	537.5兆円	1,026.8兆円
（19年度比）	-	+91.0%
（年平均成長率）	+0.9%（※過去5年間の平均）	+2.1%
一人当たり実質GDP	426.0万円	1,007.4万円
CO_2排出量（吸収分を除く）	12.1億トン	2.3億トン
（13年度比）	▲14.0%	▲81.5%

【主な前提条件】
GX実現シナリオ：毎年10.6兆円（※）のCN関連の追加投資を行うことで投資主導の経済成長を追求。エネルギーの脱炭素化に加え、産業・経済システムが大きく転換し、イノベーションが発現。
一人当たりGDP 2019年度は総務省人口推計、2050年度は国立社会保障・人口問題研究所の将来推計人口（平成29年推計、出生率・死亡率中位仮定）より計算。
（※）IEAのWorld Energy Outlook2021において、2050年CNの実現には、世界の年間クリーンエネルギー投資額を足もとの約1兆ドルから約4兆ドルへ、約3兆ドル追加で増加させる必要があるとの見通しが示されたことを踏まえ、この3兆ドルを日本の排出量シェアに 按分し、円換算した金額（26頁参照）
（出所）株式会社価値総合研究所によるモデル試算より作成

出典：一般社団法人 日本経済団体連合会「グリーントランスフォーメーション（GX）に向けて＜概要＞」（2022年5月17日）41頁
https://www.keidanren.or.jp/policy/2022/043_gaiyo.pdf

(注1) スペンサー・R・ワート（増田耕一＝熊井ひろ美共訳）『温暖化の＜発見＞とは何か』（みすず書房・2005年）、真鍋淑郎＝アンソニー・J・ブロッコリー（増田耕一＝阿部彩子監訳、宮本寿代訳）『ブルーバックス　B-2202　地球温暖化はなぜ起こるのか　気候モデルで探る　過去・現在・未来の地球』（講談社・2022年）等を参照。
(注2) 下記資料等を参照して著者作成。
・気象庁ＨＰ「日射・赤外放射　さらに詳しい知識」
https://www.data.jma.go.jp/gmd/env/radiation/know_adv_rad.html
・国立環境研究所地球環境研究センターＨＰ「ココが知りたい地球温暖化　Ｑ８　二酸化炭素の増加が温暖化をまねく証拠」
https://www.cger.nies.go.jp/ja/library/qa/4/4-1/qa_4-1-j.html
(注3) 環境省ＨＰ「環境白書・循環型社会白書・生物多様性白書」（初めて発行された昭和44年版～最新版まで、Ｗｅｂで閲覧できる）
https://www.env.go.jp/policy/hakusyo/
(注4) 外務省HP「京都議定書に関する日本の立場」（2010年10月）参照。
https://www.mofa.go.jp/mofaj/gaiko/kankyo/kiko/kp_pos_1012.html
(注5) 環境省脱炭素ポータルHP「ＣＯＰ26の結果概要について」
https://ondankataisaku.env.go.jp/carbon_neutral/topics/20211224-topic-18.html)
(注6) 国連気候変動枠組条約ＨＰ「カンクン合意」
https://unfccc.int/resource/docs/2010/cop16/eng/07a01.pdf
(注7) 環境省「IPCC『1.5℃特別報告書』の概要」33頁
https://www.env.go.jp/content/900442309.pdf
(注8) 2021年10月22日閣議決定「地球温暖化対策計画」11頁
https://www.env.go.jp/content/900440195.pdf
(注9) 2021年10月22日地球温暖化対策推進本部決定「日本のNDC（国が決定する貢献）」
https://www.mofa.go.jp/mofaj/files/100285591.pdf
(注10) 2025年2月18日閣議決定「地球温暖化対策計画」
https://www.env.go.jp/content/000291669.pdf
(注11) 2021年10月22日閣議決定「パリ協定に基づく成長戦略としての長期戦略」2頁
https://www.mofa.go.jp/mofaj/files/100285601.pdf
(注12) 経済産業省2025年2月18日ニュースリリース：「GX2040ビジョン　脱炭素成長型経済構造移行推進戦略　改訂」が閣議決定されました　https://www.meti.go.jp/press/2024/02/20250218004/20250218004.html
(注13) 社団法人経済団体連合会「COP3ならびに地球温暖化対策に関する見解」
https://www.keidanren.or.jp/japanese/policy/pol148.html

2

脱炭素経営について

1　気候変動の経営への影響：リスクと機会

　気候変動は環境問題であり、市場における経済活動の「外」で起こっていることだ、と考えるならば、企業経営において気候変動問題に取り組む理由は見出しがたいかもしれない。

　こうした考え方を「外部不経済」と呼ぶ。ひらたくいえば、経済活動の外側で起きている都合の悪いこと、である。

　しかし、環境問題の本質は、人間が原因となって生じた環境変化の結果、人間自身に悪影響が及ぶ「しっぺ返し」の構造にある。また、環境変化をもたらした原因者と、その悪影響を受ける被害者が別々であることが多い。

　気候変動の場合は、事実上、我々全員が温室効果ガスの排出者（つまり原因者）であるが、その影響を受けるのは多くの場合、将来世代であり、あるいは、我々が行ったことがない土地の会ったことがない人々であったりする。

　時間的遅延と空間的広がりの効果により、加害－被害の構造が、例えば激甚産業公害に伴う四大公害病などに比べてわかりにくくなっているが、今はまだ生まれていない、あるいは、会ったこともない人々への想像力を働かせることにより、現在世代の責務の重さを感じることができるはずである。

　しかし、今日においては、こうした倫理的な観点からだけでなく、企業経営の実務において、気候変動を外部不経済としてのみ考えること自

体が適切ではなくなってきているのである。

(1) 「リスクと機会」の考え方

　リスクも機会も、言葉としては日常生活でもよく見聞きするが、脱炭素経営、もう少し枠を広げてサステナビリティ経営の文脈においてセットで使われる場合には、専門的意味合いを帯びた用語となる。

　気候関連の情報開示についての大枠を規定した気候関連財務情報開示タスクフォース（TCFD）提言の最終報告書では、企業への気候変動の影響について、「リスクと機会」の観点から【図表1－2－1】のように指摘されている。

【図表1－2－1】TCFD提言最終報告書エグゼクティブサマリー（抜粋。下線部筆者）

- <u>組織が今日直面しているもっとも重要な、そしておそらく最も誤解されているリスクの1つは、気候変動関連リスク</u>である。温室効果ガス（GHG）の継続的な排出は更なる温暖化の原因となること、およびこの温暖化は経済的・社会的影響をもたらす可能性があることは広く認識されているが、物理的影響の正確なタイミングと重大性を見積ることは容易ではない。
- この問題はスケールが大きく、長期的な性質を有するため、特に経済的意思決定の観点から他に類を見ない困難な課題になっている。こうした状況を背景に、<u>多くの組織は、気候変動の影響は長期的なものであり、そのため、今日の決定には必ずしも関連がないものである、と誤って認識している。</u>
- しかし、組織に対する気候変動の潜在的な影響は、単に物理的なものだけでもなく、また、長期的に顕在化するだけのものでもない。2015年12月、今世紀中の気候変動の破滅的な影響を抑えるため、GHG排出を削減し、低炭素経済への移行を加速することに約200カ国が合意した。
- GHG排出量の削減は、化石燃料のエネルギーや関連する物理的資産からの移行を意味する。GHG排出量の削減と、クリーンでエネルギー効

> 率の高い技術の急速なコスト低下や導入促進が相まって、石炭、石油、天然ガスの採掘、生産、使用に依存する組織には、短期的にも重要な財務的影響を及ぼす可能性がある。
> ● そのような組織は気候関連の著しいリスクに直面するかもしれないが、影響はそういった組織に留まらない。実際には、気候関連リスクと低炭素経済への移行は、ほとんどの経済部門や産業に影響を及ぼすものである。
> ● 低炭素経済への移行に伴う変化には大きなリスクが伴うが、同時に、気候変動の緩和と適応策に重点を置く組織にとっては重要な機会を創出するものなのである。

出典：「気候関連財務情報開示タスクフォースの提言 最終報告書」サステナビリティ日本フォーラム私訳 第2版（2018年10月初版公表、2022年4月改訂）をもとに作成
https://www.sustainability-fj.org/susfjwp/wp-content/uploads/2022/05/FINAL-TCFD-2nd_20220414.pdf

要点を整理すると、以下の4つの論点を抽出できる。
① 今日の意思決定において、気候変動の財務的影響を考慮する必要がある
② 気候変動関連リスクには、長期的なものだけでなく短期的なものもある
③ 気候変動関連リスクは、ほとんどの経済部門や産業に関係する
④ 低炭素経済への移行は、重要な機会にもなり得る

1点目は、気候変動は企業に財務的影響を与えるという認識を前提としたものであり、もはや気候変動は外部不経済などではなく、企業経営に内部化させる必要がある、という指摘である。

2点目は、気候変動関連リスクは、「いつか（遠い未来）・どこか（遠い国）」で起きるかもしれない可能性ではなく、「今・ここで」起きつつある問題として考える必要がある、という指摘である。

3点目は、気候変動は特定の産業部門や企業（典型的には化石燃料採掘やエネルギー多消費型の産業に属する企業）の「誰か（他社）」にだけ

関係するのではなく、「自分（自社）」にも関係する問題として考える必要がある、という指摘である。

　4点目は、気候変動にはリスクという側面だけではなく、低炭素経済への移行が企業に「機会」をもたらす側面もある、という指摘である。

　気候変動を外部不経済と考えるならば、それは社会の課題であり、対処すべき主体は政治行政（公共セクター）ということになるが、気候変動が企業に財務的影響を与える要因であるならば、それに対処するのは経営層の務めである。

　つまり、「リスクと機会」とは、気候変動を企業経営に内部化するための「プリズム」のようなものであり、この分析を通じて、リスクが特定されたならば、その財務的影響（損害・損失・被害等）の程度に応じてリスク回避・軽減策を講じ、機会が特定されたならば、その財務的影響（売上・利益・新市場開拓等）の程度に応じて機会実現策を講じる必要がある（【図表1-2-2】）。

　もしそうした施策を実施しているのであれば、具体的な戦略と目標があり、指標を設定して成果を測定しているはずである。

　一方、リスクを認識しているのに軽減策を講じていない、機会を認識しているのに実現策を講じていないとすれば、経営層の怠慢であり、将来的な企業の存続と成長を阻害していることになる。

　そのようなことにならないよう、経営層はどのようなガバナンスの体制を構築し、気候関連のリスクと機会に対処する仕組みを運用（リスク管理）しているのか。

　以上のような観点から、TCFD提言の気候関連財務情報開示のフレームが組み立てられていると考えられるのである。なお、TCFD自体は、IFRSサスティナビリティ開示基準の発効に伴って2023年10月に解散しているが、「リスクと機会」に関する基本的考え方が同基準に受け継がれ、生物多様性（TNFD）、不平等社会（TIFD）といった課題にも適用されている。

【図表1－2－2】プリズムとしての「リスクと機会」

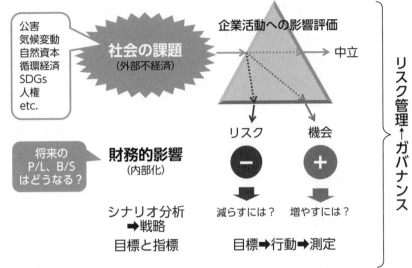

出典：有限会社サステイナブル・デザイン

　では、気候関連のリスクや機会とは、具体的にはどのようなものか。TCFD提言最終報告書では、【図表1－2－3】のように分類しており、順番にみていくこととする。

【図表1－2－3】TCFD提言最終報告書における気候関連リスク・機会分類の大枠

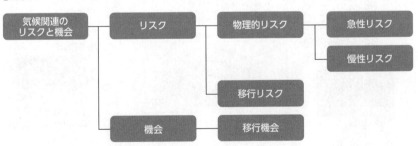

出典：有限会社サステイナブル・デザイン

(2) 物理的リスク

　気候変動に伴う物理的リスクには、個別事象に基づく突発的なもの（急性リスク）と、気候変動パターンに沿って長期にわたるもの（慢性リスク）があり、資産に対する直接的損傷と、サプライチェーンの寸断から生じる間接的な影響など、財務的な影響をもたらすこともある。

① 急性リスク

　急性リスクは、風水害や異常気象により、浸水・停電・土砂災害等が生じ、その結果、自社施設・設備・在庫等が損害を受けたり、仕入先・販売先が損害を受けることにより仕入・販売に影響が出たりすることである（【図表1－2－4】）。

　これらの事象は、頻度は比較的低いものの、短期的、集中的に発生し、甚大な被害をもたらす可能性がある。

　TCFD提言最終報告書では、気候変動関連リスクには短期的なものもあり、また、ほとんどの経済部門や産業に関係するとの指摘があったが、これは、急性リスクを想定すればなるほどと腑に落ちるはずである。

【図表1－2－4】代表的な急性リスクの例

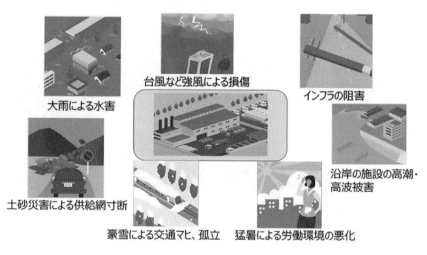

出典：環境省「改訂版　民間企業の気候変動適応ガイド－気候リスクに備え、勝ち残るために－」12頁
https://www.env.go.jp/content/900442437.pdf

② 慢性リスク

　一方、気温や海面水温の上昇に伴う夏季の空調費用の増加や労働生産性の低下、農作物の生育不全、畜産業や養殖業における生産量の低下、降水パターンの変化に伴う水資源への影響、海水面の上昇による影響などは、徐々に進行する。こうしたリスクが慢性リスクに該当する（【図表1－2－5】）。

　慢性とはいうものの、遠い将来になってから初めて発生するとは限らない。例えば農林水産業においては、すでに栽培適地や漁場の変化、作物の生育における高温障害などが顕在化しつつある。

【図表1－2－5】代表的な慢性リスクの例

渇水による原料供給への影響

降水パターン変化による水資源量減少

感染症対策費の増加

スキー場の雪不足等、利用可能な天然資源の減少

空調費等の電力費　施設維持管理費　品質管理費等の上昇

海水面上昇による海岸の侵食、沿岸域の施設の排水不良、地下水の塩水化

出典：環境省「改訂版　民間企業の気候変動適応ガイド－気候リスクに備え、勝ち残るために－」13頁
https://www.env.go.jp/content/900442437.pdf

　急性リスクにしろ慢性リスクにしろ、たとえ同じ地域で同業種の企業同士であっても、個々の企業の具体的な業態や取引先・顧客の数や分布、事業所の立地や建物の構造・築年数、設備状況等により、物理的リスクとして想定される具体的な影響の内容や程度は異なり得る（【図表1－2－6】）。

【図表１－２－６】物理的リスクが企業の財務に与える影響

CDP 気候変動質問書（2021）の回答企業の状況をみると、生産能力低下に起因した売上減少、直接費の増加、間接費（運営費）の増加など、損益計算書に関わる項目に対する認識の度合いが高くなっている。

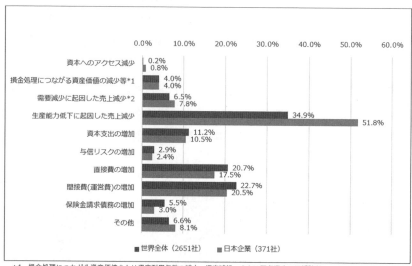

＊1　損金処理につながる資産価値または資産耐用年数の減少、資産減損、または既存資産の早期除却
＊2　商品・サービスに対する需要減少に起因した売上減少

出典：環境省「改訂版　民間企業の気候変動適応ガイド－気候リスクに備え、勝ち残るために－」
参考資料表 A.1.2 をもとに作成
https://www.env.go.jp/content/900449114.pdf

(3) 移行リスク

　「移行（Transition）」とは、持続可能な社会の実現に向けて、個々の主体が行動変容していくプロセスである。

　気候変動における移行とは、端的にいえば「緩和と適応」の具体策を導入し取り組むことである。

　気候変動が外部不経済であるという認識のうちは「移行」は生じ得ないが、内部化されたならば、リスクを回避・軽減し機会を実現する行動をとらなければならないので、必然的に多くの企業が移行し始める。

　TCFD提言最終報告書では、移行リスクを政策および法規制のリスク、技術（テクノロジー）のリスク、市場のリスク、評判上のリスクに

分類して【図表１−２−７】のように説明している。
① 政策および法規制のリスク
　政策および法規制のリスクとしては、まず、気候変動の悪影響の一因となる活動の制限や気候変動への適応を促進しようとする政策が挙げられる。
　例えば、GHG排出量削減のための炭素価格付け（カーボン・プライシング）メカニズムの試行、低炭素排出型のエネルギー利用へのシフト、エネルギー効率向上策の採用、水の利用効率向上策の促進、より持続可能な土地利用活動の推進などが挙げられる。
　また、近年、資産家、地方自治体、州、保険会社、株主、および公益組織により提訴される気候関連の訴訟申立てが増大している。気候変動による損失と損害の額が増えるにつれ、訴訟のリスクも高まる可能性がある。
② 技術（テクノロジー）のリスク
　低炭素でエネルギー効率の良い経済システムへの移行を支援する技術改良や技術革新は、組織に重要な影響を与え得る。
　例えば、再生可能エネルギー、蓄電池、省エネ、CCS（炭素回収貯留）などの新技術の開発や利用が、ある組織の製造・販売コストなどの競争力に影響し、最終的には彼らの製品やサービスに対するエンドユーザーの需要にも影響を与える。
③ 市場リスク
　市場が気候変動の影響を受ける道筋は多様かつ複雑であるが、主要な道筋の１つは、気候関連のリスクと機会がますます考慮されるため、特定の商品、製品、サービスの需要と供給の変化によるものである。
④ 評判リスク
　気候変動は、低炭素経済への移行に関する組織の寄与もしくは損失に対する顧客または地域社会の認知の変化が評判リスクにつながる潜在的な原因と認識されている。

【図表1-2-7】移行リスクと潜在的な財務影響の例

種類	気候変動リスク		潜在的な財務的影響
移行リスク	政策および法規制		
		- GHG排出価格の上昇 - 排出量の報告義務の強化 - 既存の製品およびサービスへのマンデート（受託事項）および規制 - 訴訟にさらされること	- 運営コストの増加 （例：コンプライアンスコストの増加、保険料値上げ） - 政策変更による資産の減価償却、減損処理、既存資産の期限前資産除去 - 罰金と判決による製品やサービスのコストの増加や需要の減少
	テクノロジー		
		- 既存の製品やサービスを排出量の少ないオプションに置き換えること - 新技術への投資の失敗 - 低排出技術に移行するためのコスト	- 既存資産の償却および早期撤収 - 製品とサービスの需要の減少 - 新技術と代替技術の研究開発費（R&D） - 技術開発に向けた設備投資 - 新しい実務慣行とプロセスを採用／導入するためのコスト
	市場		
		- 顧客行動の変化 - 市場シグナルの不確実性 - 原材料コストの上昇	- 消費者の嗜好の変化による商品とサービスの需要の減少 - 原料価格（例：エネルギー、水）やアウトプットへの要求事項（例：廃棄物処理）の変化による生産コスト上昇 - エネルギーコストの急激かつ予期せぬ変化 - 収益構成と収益源の変化による収益減少 - 資産の再評価（例：化石燃料埋蔵量、土地評価、有価証券評価）
	評判		
		- 消費者の嗜好の変化 - 産業セクターへの非難 - ステークホルダーの懸念の増大またはステークホルダーの否定的なフィードバック	- 商品／サービスに対する需要の減少による収益の減少 - 生産能力の低下による収益の減少（例：計画承認の遅延、サプライチェーンの中断） - 労働力のマネジメントと計画への悪影響による収益の減少（例：従業員の獲得と定着）

出典：「気候関連財務情報開示タスクフォースの提言 最終報告書」をもとに作成
https://www.sustainability-fj.org/susfjwp/wp-content/uploads/2022/05/FINAL-TCFD-2nd_20220414.pdf

【図表１－２－８】事業継続マネジメント・計画と気候関連リスク

　事業継続マネジメント・計画において通常想定されるリスク事象は、地震・水害・感染症等、主として急性・外来のものである。

　気候関連リスクのうち、急性の物理的リスクについては、事業継続マネジメント・計画においても取り扱うことができるし、自社のリスクとして特定されたならば、取り扱うべきであろう。

　事業継続（Business Continuity）は、急性外来のリスク事象が発生しても自社が生き残るためのサバイバル（Survival）戦略といえる。

　一方、慢性の物理的リスクや移行リスクへの対応は、自社の中長期の持続可能性（Sustainability）を高めていく戦略の１つといえる。

　気候変動対応の一環としての事業継続マネジメントの取り組み方については、環境省「改訂版　民間企業の気候変動適応ガイド－気候リスクに備え、勝ち残るために－」で解説されているので、参考にされたい。

事業継続力強化計画で被害想定するリスク事象のリスト

区分	事象
地震	地震による大きな揺れ
水害	大雨・洪水・高潮・津波により浸水する
	土砂が敷地内に流れ込む
風害	強風が生じる
ライフライン	停電する
	ガスが停止する
	断水する（上下水道が利用停止となる）
	通信障害により電話・メール・インターネットが利用できない
交通	電車が止まる
	高速道路が通行止めになる
	一般道が通行止めになる
	港湾が利用停止になる
	空港が利用停止になる
	落橋が生じる
供給不足	食料・物資が不足する
	燃料が不足する
感染症	人の移動の制限や物資供給の途絶が発生する
	外出・営業制限により、売上が急減する
サイバー攻撃	顧客等の個人情報や機密情報が流出する
	生産管理システムや各種制御装置が停止する

出典：中小企業庁「事業継続力強化計画策定の手引き」（令和５年５月25日更新）8頁
https://www.chusho.meti.go.jp/keiei/antei/bousai/download/keizokuryoku/tebiki_tandoku.pdf

また、一般的なリスクマネジメントの観点から、リスクを急性／慢性、外来／内在の2軸で区分すると、以下の4パターンになる。
- 外来・急性
- 外来・慢性
- 内在・急性
- 内在・慢性

急性の物理的リスクは「外来・急性」、慢性の物理的リスクや移行リスクは「外来・慢性」に分類するとわかりやすいだろう。

このように考えた場合、TCFD提言最終報告書における気候関連情報開示フレームの4本柱（ガバナンス・戦略・リスク管理・目標と指標）は、「内在・慢性」の予防的アプローチの取組みとして位置付けられる。

これらがうまく機能した場合には気候関連リスクが回避・軽減され、うまく機能しない場合にはリスクが顕在化して損害・損失・被害が発生してしまう。予防的アプローチが機能しない（またはそもそも行われない）こと自体がリスクとなる。

残る「内在・急性」のリスクは、一般論としては、事故の発生や不祥事の発覚等が該当する。これらは、事象としては急性に見えるものの、真因を探れば、コンプライアンス違反や点検管理・メンテナンスの不行き届き等、内在・慢性リスクのマネジメントにおける問題が放置された結果であることが多いだろう。

気候関連リスクの文脈では考えにくいものの、サステナビリティ情報開示において、実態以上に自社をよく評価してもらいたいがために、虚偽の報告を行ったりデータを改ざんしてしまう事態などが該当するだろう。

	急性（短期）	慢性（中長期）
外来	自然災害・感染症等 急性リスク	地域の環境条件の変化等 慢性リスク 市場・顧客ニーズの変化等 移行リスク
内在	事故・不祥事等 （多くの場合、内在・慢性リスクが放置された結果）	マネジメントの失敗等 ガバナンス・戦略 リスク管理・目標と指標

出典：有限会社サステイナブル・デザイン

(4) 機会

TCFD提言最終報告書では、気候変動を緩和し適応させるための取組みに着目して、主として移行に伴う機会について、資源効率・エネルギー源・製品とサービス・市場・レジリエンスの5つの観点から、【図表1-2-9】のように例示している。

【図表1-2-9】気候関連の機会と潜在的な財務影響の例

種類	気候関連の機会	財務への潜在的な影響
資源効率	- より効率的な輸送手段の使用（モーダルシフト） - より効率的な生産および流通プロセスの使用 - リサイクルの利用 - 高効率ビルへの移転 - 水使用量と消費量の削減	- 運営コストの削減（例：効率向上とコスト削減） - 生産能力の増加による収益の増加 - 固定資産価値の上昇（例：エネルギー効率の評価が高い建物） - 労働力のマネジメントと計画（例：改善された健康と安全、従業員の満足度）によるコスト削減
エネルギー源	- より低排出のエネルギー源の使用 - 支援的な政策インセンティブの使用 - 新技術の使用 - 炭素市場への参入 - 分散型エネルギー源への転換	- 運営コストの低減（例：最低除去費用の活用による） - 将来の化石燃料価格上昇へのエクスポージャーの減少 - GHG排出量の削減、したがって炭素費用の変化に対する感度の低下 - 低排出技術への投資からの収益 - 資本の利用可能性の向上（例：より排出量の少ない生産者を選好する投資家の増加） - 商品／サービスに対する需要の増加につながる評判上のメリット
製品とサービス	- 低排出商品およびサービスの開発および／または拡張 - 気候適応と保険リスクソリューションの開発 - 研究開発とイノベーションによる新製品またはサービスの開発 - 事業活動を多様化する能力 - 消費者の嗜好の変化	- 排出量の少ない製品およびサービスの需要を通じた収益の増加 - 適応のニーズに対する新しいソリューションを通じた収益の増加（例：保険リスク移転商品およびサービス） - 変化する消費者の嗜好を反映するための競争力の強化による収益の増加
市場	- 新しい市場へのアクセス - 公共セクターのインセンティブの使用 - 保険の付保を必要とする新しい資産と立地へのアクセス	- 新規および新興市場へのアクセスを通じた収益の増加（例：政府、開発銀行とのパートナーシップ） - 金融資産の多様化（例：グリーンボンドやインフラ）

レジリエンス	- 再生可能エネルギープログラムへの参加とエネルギー効率化措置の適用 - 資源の代替/多様化	- レジリエンス計画（例：インフラ、土地、建物）による市場評価の向上 - サプライチェーンの信頼性とさまざまな条件下での業務能力の向上 - レジリエンス確保に関連する新製品およびサービスを通じての収益の増加

出典：「気候関連財務情報開示タスクフォースの提言　最終報告書」をもとに作成
https://www.sustainability-fj.org/susfjwp/wp-content/uploads/2022/05/FINAL-TCFD-2nd_20220414.pdf

　気候関連の移行に伴う機会とは、日本でいえば、前述の「GX実現に向けた基本方針～今後10年を見据えたロードマップ～」に示された「10年間で官民150兆円の投資」、日本経団連の「グリーントランスフォーメーション（GX）に向けて」に示された「2050年までに400兆円の投資」である。

　具体的な投資先としては、経済産業省「2050年カーボンニュートラルに伴うグリーン成長戦略」（2021年）に示された14分野が挙げられる（【図表1－2－10】）。

　これらの分野におけるイノベーションを実現していく企業の立場であれば、研究開発・実用化を進めて市場を切り開いていくことが機会を実現する戦略となる。

　そうしたイノベーションの成果を導入して、省エネ・再エネ・蓄エネ等を進めていく企業の立場であれば、それにより脱炭素経営を推進し、市場・顧客等からの評価を高めていくことが機会を実現する戦略となる。

【図表1-2-10】グリーン成長戦略における14の重要分野

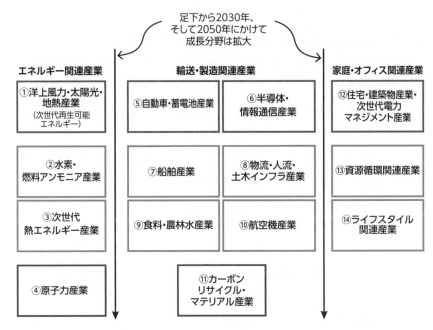

出典：経済産業省「2050年カーボンニュートラルに伴うグリーン成長戦略（令和3年6月18日）」23頁
https://www.meti.go.jp/policy/energy_environment/global_warming/ggs/pdf/green_gaiyou.pdf

2　脱炭素経営の意義：リスクを回避・軽減し機会を実現する

(1) 脱炭素経営とは

　ここまでの脱炭素経営が必要とされる背景や政策等の動向、企業にとっての気候変動の意味（リスクと機会）を踏まえて、脱炭素経営そのものについて考えてみよう。

　環境省の定義によると、「脱炭素経営とは、気候変動対策（≒脱炭素）の視点を織り込んだ企業経営のこと」[注1]である。

　ここまで読んでこられた読者の方には、脱炭素の視点を織り込んだ企業経営とは、言い換えれば、気候変動に伴うリスク回避・軽減策と機会

実現策を講じ、戦略的に実行していくことだ、と容易に察しがつくであろう。

経営者の仕事は様々あるが、突き詰めれば、自社をつぶさないこと、その上で成長発展の道筋を見出し、存続可能性をできる限り高めていくことである。

およそ企業経営者で、自社をつぶしたいと思っている人はいないし、自社を成長発展させたくないと願っている人はいない。

「リスクと機会」というプリズムを通して、程度はともあれ、脱炭素がそこにひもづく経営課題だと経営者が認識すれば、無対策のまま放置することはできないという判断を下すのが合理的である。

とすれば、中小企業経営支援者の立場にある組織・専門家等には、経営者とともに、支援先企業の実態・実情に即して「リスクと機会」分析を行い、合理的な判断を導くスキルを身につけることが期待される。

(2) 脱炭素経営に取り組むメリット

ただ、そうは言っても、対処すべき経営課題はたくさんあり、経営者のアタマの中は日々の売上や資金繰り、月末の支払い、社員の働きぶりやシフト、入社・退社、社内外のトラブル対応等々に占有されている。

そうした中で、経営課題の優先順位が上がってくるのは、短期的にわかりやすいメリット、いわゆる「現世利益」がある場合である。環境省は、脱炭素経営のメリットを5点挙げている（【図表1-2-11】）。うまく対処できれば移行機会になり得るし、うまく対処できなければ移行リスクにもなり得る。

【図表1－2－11】脱炭素経営に取り組む5つのメリット

① 優位性の構築
　他社より早く取り組むことで「脱炭素経営が進んでいる企業」や「先進的な企業」という良いイメージを獲得できます。
② 光熱費・燃料費の低減
　年々高騰する原料費の対策にも。企業の業種によっては光熱費が半分近く削減できることもあります。
③ 知名度・認知度向上
　環境に対する先進的な取組がメディアに取り上げられることも。お問い合わせが増えることで売上の増加も見込めます。
④ 社員のモチベーション・人材獲得力向上
　自社の社会貢献は社員のモチベーションにつながります。また、サステナブルな企業へ従事したい社員数は年々増加しています。
⑤ 好条件での資金調達
　企業の長期的な期待値を測る指標として、脱炭素への取組が重要指標化しています。

出典：環境省脱炭素ポータルHP「中小規模事業者様向けの『脱炭素経営のすゝめ』」
https://ondankataisaku.env.go.jp/carbon_neutral/topics/20230905-topic-49.html

　ただし、【図表1－2－11】に示した5つのメリットが、どんな企業でも必ず得られるのかといえば、そうではない。実際には、当該企業のおかれている状況や経営者の優先順位により、ケース・バイ・ケースとなる可能性が高い。場合によっては1つも得られないこともあり得る。説明の順番も重要である。
　これから脱炭素経営に取り組む「白紙」の状態の中小企業経営者を念頭に置いて、本書では②①④⑤③の順に説明する。
　なお、②は自社内だけの取組みで完結しても得られるメリットだが、①④⑤③は何らかの形での情報開示を行うことがメリットを得る前提である点にも留意する必要がある。

■　光熱費・燃料費の低減（５つのメリットの②）

　５つのメリットの中でもっともわかりやすく、多くの企業に当てはまる可能性が高いのは、光熱費・燃料費の低減である。

　何と言っても、光熱費・燃料費は、言葉ではなく「¥（金額）」で表されている。業種・業態・企業規模によっても異なるが、光熱費・燃料費の削減は、（もうこれ以上できることはないところまで取り組んでいれば別だが）ほぼすべての企業にとって多かれ少なかれ関心事である。

　ただ、経営者は「CO_2が１トン減ります」と言われてもピンとこない。しかし、たとえばCO_2を１トン減らすと「電気代が６万円減ります」、あるいは「ガソリン代が７万円減ります」などと聞けば、がぜん聞く耳が違ってくるはずである。

　特に電気代も燃料代も高騰し、様々なモノの値上げが相次いでいるご時世では、少しでも経費節減になるネタがあるなら見逃したくないのが経営者の心理である。

　「それでは、うちの会社はCO_2をどれくらい出しているんだ？」という疑問が浮かび、「１トンなら６万円、10トンなら60万円の経費節減のチャンス（機会）だ！」と計算まで始まるかもしれない（ただ、小規模事業者の場合は排出量の絶対量が少ないので、計算した結果はそこまではなりづらいことは忘れてはならない）。

　ほとんどの中小企業は、自社のCO_2排出量を算出していないので、経営者は自分の疑問に対する答えを自分で出すことができない。そこで、代わりにその答えを出してくれる社員や、外部の支援者がいたらどうであろう。

　ここに、脱炭素アドバイザーの存在意義と役割を見出すことができる。

■　優位性の構築（５つのメリットの①）

　優位性の構築がメリットになるという考え方は、取引先企業からの問い合わせや調査への回答依頼、さらには取引先企業の脱炭素経営への協力要請などを契機に認識されることが多いだろう。

迅速かつ適切に対応できれば優位性になり得るし、そうでない場合は逆に他社に劣後する可能性もある。

ただ、そうした依頼や要請が担当者レベルに来た場合、「よくわからない」「難しそう」「対応している時間がない」などの理由で放置され、経営者がその事実を認識できない（認識するまでに時間がかかる）場合がある。これは経営リスクそのものである。

現状では、そうした依頼や要請が来ていない（と認識している）中小企業の方が圧倒的に多いと思われるが、だからといって、実際に来るまでは関係ないし何もしなくてよいという判断でよいか、一度立ち止まって考えてみる必要はあるだろう。

また、産官挙げて脱炭素投資に向かっている市場環境を追い風と捉えて、省エネルギー・再生エネルギー・蓄エネルギーに関連する設備機器の製造・販売やIT利活用サービスなどに参入し、脱炭素ビジネスを事業再構築の柱とすることができれば、これも優位性になり得る。

■　社員のモチベーション・人材獲得力向上（5つのメリットの④）

SDGsの観点からみれば、脱炭素経営は「ゴール13：気候変動に具体的な対策を」、「ゴール7：エネルギーをみんなに　そしてクリーンに」に該当する取組みとして説明することができる。

しかし、社員や就職希望者は、「ゴール8：働きがいも経済成長も」、「ゴール5：ジェンダー平等を実現しよう」、「ゴール3：すべての人に健康と福祉を」など、処遇や労働条件、福利厚生等に関係する取組みの方を重視しているかもしれない。

脱炭素という単一テーマというよりは、働き方改革を含む様々なサステナビリティ課題への取組みの一環の中に、脱炭素も位置付けられているという建付けで考えた方が良いだろう。

■　好条件での資金調達（5つのメリットの⑤）

好条件での資金調達というメリットを得るには、まず資金調達ニーズがあるという前提が必要であり、好条件につながるのは、具体的なCO_2

削減目標とアクションプランが整い、それを評価する融資商品（サステナビリティ・リンク・ローン）を活用しようとする場合である。

しかし、自社のCO_2排出量もわからない段階では、そもそも自社が得られるメリットかどうかもわからない。排出量算定を終え、具体的な排出削減対策を立案する過程で、設備投資等にどれだけの費用を要するかの見通しがある程度ついた段階になれば、適用可能な融資商品、応募可能な補助金等を特定しやすくなるだろう。

それぞれ利用要件が設定されているため、それを見ながら発注時期や仕様の検討等を行うことで、使いやすくなる。

なお、必ずしも資金調達とはいえないが、法人税や固定資産税の減免が受けられる税制優遇措置も、要件を満たし活用できれば資金繰り・キャッシュフロー面で有利になり得る。

■ 知名度・認知度向上（5つのメリットの③）

知名度・認知度向上は、脱炭素の具体的な取組みを実施し、実績・効果が上がるようになった段階ではメリットして期待しても良いかもしれない。

脱炭素経営の好事例として行政の事例集に掲載されたり、マスコミに取り上げられたり、表彰の対象になること等を通じて知名度・認知度が向上することで、脱炭素に取り組み企業から「指名」で新規取引が始まるといったこともある。

とはいえ、あくまで実践・実績ありきの話であり、取組開始前の時点では、あくまでも「ゆくゆくは…」「そういうこともあるかも…」くらいに考えておいた方が良いだろう。

【図表1-2-12】5つのメリットを「お金のブロックパズル」で表現すると……

　筆者がキャッシュフローコーチとして中小企業の経営計画立案、資金調達・資金繰り支援等を行う際に使っているのが、「お金のブロックパズル」である。

　簡単にいえば、高度な会計・経理の知識がなくても、経営者がお金の流れを直感的につかんで意思決定できるように、決算書や試算表の数字を図解で見える化する手法である。

　脱炭素経営に取り組む5つのメリットを、このブロックパズルを使って会社の「お金の流れ」とひもづけると、以下のように表現できる。

　排出量算定・排出削減策検討の作業を進める中で、それぞれのメリットを意識的に数値化しようと試みることで、リスクや機会がよりリアルに感じられるようになるだろう。

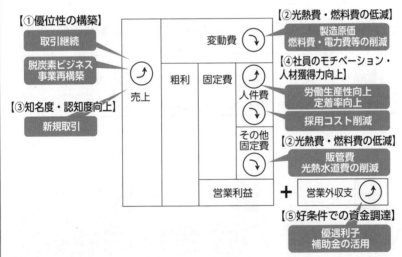

「お金のブロックパズル」図は、和仁達也『お金の流れが一目でわかる！超★ドンブリ経営のすすめ―社長はこの図を描くだけでいい！』ダイヤモンド社（2013.12）をもとに作成

3　脱炭素経営のステップ：知る・測る・減らす＋開示する

　脱炭素経営のステップとして、環境省は、「知る・測る・減らす」の3ステップを提唱している。

　本書ではこれにもう1つ、「開示する」を加えて3＋1ステップの枠組みとしている（【図表1－2－13】）。

　「知る・測る・減らす」は脱炭素の実践そのものであるが、そのプロセスや結果に関する情報を社内に留め、社外からはブラックボックスであったならば、得られるメリットは限定的になってしまう。

　脱炭素に関する情報開示を適時・適切に行って初めて、脱炭素経営に必要十分な取組みを行っているといえる。

【図表1－2－13】脱炭素経営の3＋1ステップ

①知る	②測る	③減らす
1-1　情報の収集 ☑ 2050年カーボンニュートラルに向けた潮流を自分事で捉えましょう	**2-1　CO_2排出量の算定** ☑ 自社のCO_2排出量を算定することで、カーボンニュートラルに向けた取組の理解を深めましょう	**3-1　削減計画の策定** ☑ 自社のCO_2排出源の特徴を踏まえ、削減対策を検討し、実施計画を策定しましょう
1-2　方針の検討 ☑ 現状の経営方針や経営理念を踏まえ、脱炭素経営で目指す方向性を検討してみましょう	**2-2　削減ターゲットの特定** ☑ 自社の主要な排出源となる事業活動やその設備等を把握することで、どこから削減に取り組むべきかあたりを付けてみましょう	**3-2　削減対策の実行** ☑ 社外の支援も受けながら、削減対策を実行しましょう。また定期的な見直しにより、CO_2排出量削減に向けた取組のレベルアップを図りましょう

＋

④　開示する

出典：環境省「中小規模事業者向けの脱炭素経営導入ハンドブック」4頁をもとに作成
https://www.env.go.jp/earth/ondanka/supply_chain/gvc/files/guide/chusho_datsutansodounyu_handbook.pdf

本書の第1章（本章）は、脱炭素経営の入口である、「知る」に対応した情報をまとめて解説したという位置付けになる。
　第2章は「測る」、第3章は「減らす」、第4章は「開示する」にそれぞれ相当する内容を解説している（【図表1－2－14】）。

【図表1－2－14】3＋1ステップと本書の構成

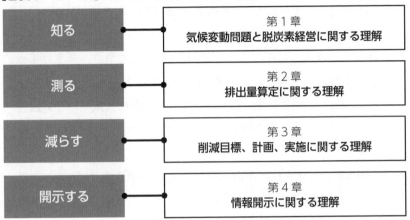

（注1）　環境省脱炭素ポータルHP「中小規模事業者様向けの『脱炭素経営のすゝめ』」より
　　　　https://ondankataisaku.env.go.jp/carbon_neutral/topics/20230905-topic-49.html

第1章　確認問題

問1　気候変動問題の経緯

下記は、気候変動問題の経緯に関する説明です。説明文の空欄①〜③に入る語句の組合せとして、適切なものは次のうちどれですか。

> 温室効果ガスの存在は（　①　）から知られており、温室効果ガスがあることで、地表の平均温度が14.5℃ほどに保たれている。
>
> 人為起源の二酸化炭素（CO_2）の排出が実際に大気中のCO_2濃度を上昇させていることが観測されるようになったのは20世紀の後半である。
>
> 1988年に設立されたIPCC（気候変動に関する政府間パネル）は、気候変動に関する最新の科学的知見をとりまとめ、1990年以降、（　②　）にわたり評価報告書を作成・公表している。
>
> 2021年に公表された最新のIPCC評価報告書では、人間活動が及ぼす温暖化への影響について（　③　）としている。

(1)　①18世紀　②5次　③「可能性が極めて高い」
(2)　①19世紀　②6次　③「疑う余地がない」
(3)　①18世紀　②6次　③「可能性が極めて高い」
(4)　①19世紀　②5次　③「疑う余地がない」

解説＆正解

気体の温室効果は19世紀の科学者により確認され、1896年にはアレニウスによりCO_2の大気中の濃度が高くなると、地表の平均温度がどれほど上昇するかの計算結果が発表された。

1958年からハワイのマウナ・ロア山頂で開始された観測により、大気中のCO_2濃度が上昇し続けていることが明らかになった。

　1988年にIPCC（気候変動に関する政府間パネル）が設立され、気候変動に関する最新の科学的知見をとりまとめ、1990年の第1次〜2021年の第6次までの評価報告書が作成・公表されている。第6次評価報告書では、人間活動が及ぼす温暖化への影響について「疑う余地がない」としている。

　以上により、①19世紀、②6次、③「疑う余地がない」が適切な語句の組合せとなる。

　したがって、(2)が適切である。

正解　(2)

問2　気候変動枠組条約

気候変動枠組条約に関する記述について、適切な組合せは次のうちどれですか。

① 1992年に採択された気候変動枠組条約は1994年に発効し、毎年開催される締約国会議（COP）で世界の気候変動対策の大枠が決定されている。
② 1997年の第3回締約国会議（COP3）で採択された「マラケシュ合意」では、先進国等の温室効果ガス削減目標を設定した。
③ 2015年の第21回締約国会議（COP21）で採択された「パリ協定」では、開発途上国も含めたすべての締約国が削減目標を5年ごとに提出・更新することとなった。
④ 2021年の第26回締約国会議（COP26）で採択された「グラスゴー気候合意」では、産業革命前からの気温上昇を2.5℃以内に抑制する目標が国際合意となった。

(1) ①と③は適切であるが、②と④は適切でない。
(2) ①と④は適切であるが、②と③は適切でない。
(3) ②と③は適切であるが、①と④は適切でない。
(4) ②と④は適切であるが、①と③は適切でない。

解説＆正解

①は選択肢のとおりである。
②の1997年の第3回締約国会議（COP3）は京都で開催され、先進国等の温室効果ガス削減目標を設定する京都議定書が採択された。「マラケシュ合意」は京都議定書運用の細則を定めた合意で、2001年の第7回締

約国会議（COP7）の成果。

③のパリ協定では、主要排出国を含むすべての国が削減目標を5年ごとに提出・更新することが定められたほか、世界共通の長期目標として2℃目標のみならず1.5℃への言及、共通かつ柔軟な方法でその実施状況を報告し、レビューを受けることのほか、先進国が引続き資金を提供することと並んで途上国も自主的に資金を提供することなどが定められた。

④のグラスゴー気候合意では、パリ協定では努力目標だった1.5℃目標達成に向けて、今世紀半ばのカーボンニュートラル（温室効果ガス排出量実質ゼロ）と、その重要な経過点となる2030年に向けて、野心的な対策を各国に求めることが盛り込まれた。

以上より、①と③は適切であるが、②と④は適切でない。

したがって、(1)が適切である。

正解　(1)

問3　日本における温室効果ガス排出削減

日本における温室効果ガス排出削減に関する記述について、適切なものは次のうちどれですか。

(1) 日本における温室効果ガスの排出削減に関連する主な法令として、地球温暖化対策推進法、省エネ法、建築物省エネ法、フロン排出抑制法などがあげられる。
(2) 日本の温室効果ガス排出量は、1990年度の12億7,500万 $t\text{-}CO_2$ から一貫して減少し、2022年度には11億3,500万 $t\text{-}CO_2$ となった。
(3) 日本の場合、排出される温室効果ガスの約50％がエネルギー起源 CO_2 である。
(4) 日本政府は、2030年までに温室効果ガスの排出を全体としてゼロにする、カーボンニュートラルを目指すことを宣言した。

解説＆正解

(1)選択肢のとおりである。したがって、(1)は適切である。

(2)1990年度と2022年度の温室効果ガス排出量は選択肢のとおりだが、一貫して減少してきたわけではない。

(3)日本の温室効果ガス排出量に占めるエネルギー起源 CO_2 の割合は約85％である。

(4)2020年10月、日本政府は2050年までに温室効果ガスの排出を全体としてゼロにする、カーボンニュートラルを目指すことを宣言した。なお、2021年に改訂された地球温暖化対策計画において、「2050年目標と整合的で野心的な目標として、2030年度に温室効果ガスを2013年度から46％削減することを目指し、さらに、50％の高みに向けて挑戦を続けていく」こととされている。

正解　(1)

問4　気候関連のリスク

下記は、甲銀行の融資担当者Xさんと、取引先である食品製造企業の代表取締役Aさんとの気候関連のリスクに関する会話です。会話文の空欄①～③に入る語句の組合せとして、適切なものは次のうちどれですか。

Aさん：最近、気候変動のリスクを評価せよという話を聞くけれども、気候変動によって自分の会社にはどんなリスクが生じる可能性があるのか、ピンとこないんだよ。

Xさん：気候変動のリスクは、大きく（　①　）リスクと（　②　）リスクに分けられます。

Aさん：なるほど。それで、（　①　）リスクというのは？

Xさん：はい、（　①　）リスクはさらに、急性と慢性に分けられます。急性の例としては、風水害や異常気象で工場の生産設備が損傷し生産を継続できなくなったり、在庫品が破損して出荷できなくなってしまうことが考えられます。

Aさん：それはあり得るね。同業の工場が先日の台風で被害を受けて、社長さんが「今までこんなことはなかったのに」とぼやいていたよ。

Xさん：慢性の例としては、気候が変わることで農作物の産地が変わったり、品質が低下するなどして、原材料の調達に影響が出ることが考えられます。20XX年は記録的な猛暑で1等米の比率が過去最低だというニュースがありましたね。

Aさん：わが社の主原料の調達にも影響が出ないか、生産農家や商社にも話を聞いて、検証する必要があるかもしれないな。

Xさん：そうですね。リスクがあるとわかったら、それがどの程度の（　③　）影響になるかを評価することで、経営へのインパクトを把握することができます。そして（　②　）リ

スクについてですが、これは政策や市場ニーズ、顧客要望が変わることで自社のビジネスが影響を受けることです。御社にも、取引先からCO_2の排出量を報告してほしい、省エネに取り組んでほしいといった要請が来ていませんか？

Aさん：そういえば、営業部長がそんなようなことを言っていたような気がするな。聞き流していたけど。

Xさん：それが本当でしたら、営業部長さんに詳しく話を聞き、会社としての対処方針を早急に検討する必要がありますね。

(1) ①予防可能　②予防不能　③財務的
(2) ①移行　　　②物理的　　③非財務的
(3) ①物理的　　②移行　　　③財務的
(4) ①予防不能　②予防可能　③非財務的

解説＆正解

　気候変動関連リスクは、大きく物理的リスクと移行リスクに分けられ、物理的リスクにはさらに急性のものと慢性のものがある。これらのリスク分類については、「気候関連財務情報開示タスクフォース（TCFD）最終報告書」に例示が示されている。

　どのような気候関連リスクが生じるかを特定したら、売上の減少、仕入れ原価の上昇、在庫や固定資産の損害額、予定外の出費による現預金残高の減少など、金額に換算して財務的影響を評価し、リスクを軽減する方策を検討する必要がある。

　以上により、①物理的、②移行、③財務的が適切な語句の組合せとなる。したがって、(3)が適切である。

正解 (3)

問5　気候関連の機会

気候関連の機会に関する記述について、適切でないものは次のうちどれですか。

(1) エネルギー効率の高い設備への更新により、自社の温室効果ガス排出量の削減とともに、エネルギーコストを削減できる可能性がある。
(2) 燃料費・電気代等のエネルギーコストや原材料費の高騰を価格転嫁して利益を拡大することができる。
(3) 使用時のエネルギー消費量がより少ない低炭素型の新製品を開発・商品化することで、脱炭素経営に取り組む企業の需要を開拓できる。
(4) 気候関連リスクの軽減策を織り込んだBCP（事業継続計画）の策定により、取引先からの評価が向上する可能性がある。

解説＆正解

「気候関連財務情報開示タスクフォース（TCFD）最終報告書」では気候関連の機会について、資源効率、エネルギー源、製品とサービス、市場、レジリエンスの5種類に分けて説明している。

(1)は資源効率（運営コストの削減）、(3)は製品とサービス（排出量の少ない製品およびサービスの需要を通じた収益の増加）、(4)はレジリエンス（レジリエンス計画による市場評価の向上）に関する機会による財務的影響の例である。

(2)のエネルギーコストや原材料費の高騰は、機会ではなく移行リスク（市場）の例であり、価格転嫁はその財務的影響を軽減するための対策として位置付けられる。したがって、(2)が適切でない。

正解　(2)

問6　脱炭素経営に取り組む意義・メリット

脱炭素経営に取り組む意義・メリットに関する記述について、適切でないものは次のうちどれですか。

(1) 脱炭素経営とは、気候関連リスクの回避・軽減の視点を中心とした企業経営のことである。
(2) 他社より早く取り組むことで「脱炭素経営が進んでいる企業」や「先進的な企業」という良いイメージを獲得できる可能性がある。
(3) 脱炭素経営の一環として、省エネ等に取り組んだ成果として、光熱費・燃料費を低減することができる可能性がある。
(4) 企業の長期的な期待値を測る指標として、脱炭素への取組みを指標とした好条件での資金調達ができる可能性がある。

解説＆正解

環境省によれば、「脱炭素経営とは、気候変動対策（≒脱炭素）の視点を織り込んだ企業経営のことで、経営リスク低減や成長のチャンス、経営上の重要課題として全社を挙げて取り組むもの」とされており、気候関連リスクの回避・軽減だけに着目したものではない。

また、環境省「中小規模事業者向けの脱炭素経営導入ハンドブック」では、先行して脱炭素経営に取り組む中小規模事業者が獲得しているメリットとして、優位性の構築、光熱費・燃料費の低減、知名度・認知度向上、社員のモチベーション・人材獲得力向上、好条件での資金調達の5点を挙げている。

(2)は優位性の構築、(3)は光熱費・燃料費の低減、(4)は好条件での資金調達に、それぞれ該当する。

正解　(1)

第2章

排出量算定に関する理解
〈測る〉

1 排出量算定の概要

1 基本は「足し算」と「掛け算」

「温室効果ガス排出量の算定は難しい」という印象を持っている方は多いかもしれない。しかし、実際にやってみたら意外と簡単、という面もある。

なぜなら、排出量算定は、計算としては基本的には「足し算」と「掛け算」だけだからである。小規模事業者であれば、電卓でも排出量を計算できる。

詳細に入る前に、まずはその「足し算」と「掛け算」のイメージをつかんでもらいたい。

(1) 活動量×CO_2排出係数

排出量算定の基本は、活動量×CO_2排出係数の「掛け算」である（【図表2－1－1】）。

【図表2－1－1】排出量算定の基本式

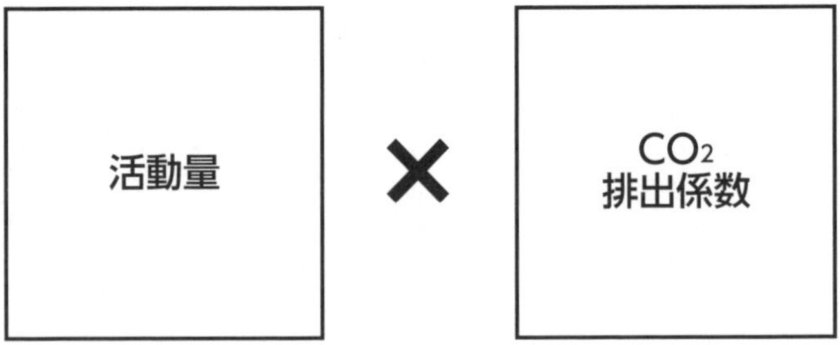

$$\boxed{活動量} \times \boxed{CO_2 排出係数}$$

活動量とは、電力消費量、ガソリン消費量、資材の購入量、貨物の輸送量など様々であるが、要するに、CO_2排出の原因となる活動をどのくらい行っているかを、数値で表したものである。活動量は企業ごとの実態数値なので、統計資料や他社数値などを使うことはできず、自社で作る必要がある。

　CO_2排出係数とは、活動量1単位当たり、どのくらいのCO_2が排出されるかを、数値で表したものである。CO_2排出係数は環境省が公表しており、そこから適切なものを引用して使用する。

　例として、電力消費に伴うCO_2排出量を算定する場合を考えてみる。

　活動量とは電力消費量（kWh）である。照明、OA機器、空調、動力、熱源等々、電気の用途はいろいろあるが、結局のところ、どれだけ電気を使ったかは、電力消費量（kWh）の数値に集約される。

　CO_2排出係数は、電力会社ごとに・年度ごとに・契約メニューごとに、設定され、公表されている。

　電力消費に伴うCO_2排出量は、電力契約ごとに1年分の電力消費量を「足し算」して合計し、所定のCO_2排出係数を「掛け算」することで算定できる。

　電力契約が複数であれば、電力契約ごとの「掛け算」の結果を「足し算」することで、企業全体の電力消費に伴うCO_2排出量を算定することができる（【図表2-1-2】）。

【図表２−１−２】 電力消費に伴う CO_2 排出量算定（「足し算」と「掛け算」）のイメージ

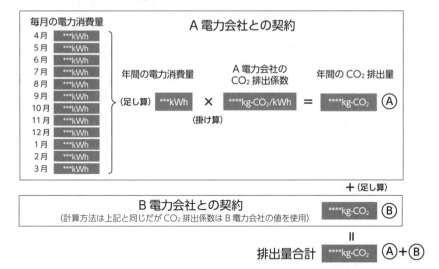

　さらに、例えば自動車（ガソリン車）を使用していれば、年間のガソリンの消費量を「足し算」し、これにガソリンのCO_2排出係数を「掛け算」してガソリンの燃焼に伴うCO_2排出量を算定し、電力消費に伴うCO_2排出量と「足し算」する。

　事業規模が大きくなり、拠点数が増え、算定対象とすべき活動量の種類が増えても、このような「足し算」と「掛け算」を繰り返すことで、企業全体のCO_2排出量を算定することができる。

　作業的には、請求書や領収書の支払金額を正確に足し上げていく経理の作業と変わらない。金額の代わりに、kWh（電力）、ℓ（ガソリンや軽油や灯油）などの数量を足し上げて、所定のCO_2排出係数を掛けるだけである。

(2) ガベージイン・ガベージアウト

　ただし、注意する必要があるのは、CO_2排出量算定の計算作業に入る

前に「何をどう足し算するのか」、「何に何を掛け算するのか」など、算定ルールを正しく理解し、必要なデータを正しく整えることである。

コンピュータの世界には、「ガベージイン・ガベージアウト（ごみを入れれば、ごみが出てくる）」という言葉がある。間違ったデータを入れれば、間違った計算結果が出てくる、という意味である。

それと同じで、いくら「足し算」と「掛け算」だけといっても、間違った活動量のデータで計算すれば、実際とかけ離れた、過小または過大な排出量が計算結果として出てきてしまう（よくあるのはケタ間違いや集計漏れ）。

また、活動量のデータは正しくても、掛け算するCO_2排出係数の選択を間違えれば、やはり間違った排出量が計算結果と出てきてしまう。

そういったことにならないよう、CO_2排出量算定の計算ルールを正しく理解しておく必要がある。

なお本書では地域中小企業の脱炭素経営を念頭においているため、基本的にはエネルギー起源のCO_2排出量の算定について取り扱うこととし、それ以外の温室効果ガスについては、必要最小限の言及に留めている。

2　サプライチェーン排出量の考え方

(1)　サプライチェーン排出量とは

企業のCO_2排出量を算定する場合に、最初に直面するのは、どこまでを対象にしたらよいのか、対象範囲（スコープ）を定義付けるという問題である。

小売業であれば、CO_2排出の原因となる活動として、自社の店舗・倉庫・事務所で電気を消費していることがすぐに思いつく。お客様への商品の配達にトラックを使用していれば軽油を消費している。

しかし、よく考えてみると、自社の店舗・倉庫に在庫している商品は、すべてどこかから輸送されてきたものであり、その輸送にもトラックが

使われているし、輸入品は船や飛行機で国内に運び込まれている。これは考えなくてよいのだろうかという疑問が生じる。

　もっとさかのぼって考えると、商品の製造や、その原材料を調達する段階でもエネルギーは使用されている。それらはどう考えたらよいのだろうか。

　また、買ってもらった商品は、お客様の家庭や事業所で電気を消費するかもしれないし、廃棄されて燃やされたらCO_2が出ているかもしれない。

　考え出すときりがないが、こうしたすべてを考慮した、「原材料調達・製造・物流・販売・廃棄など、一連の流れ全体から発生する温室効果ガス排出量」のことをサプライチェーン排出量という。これは、事業者自らの排出だけでなく、事業活動に関係するあらゆる排出を合計した排出量である。

　そして、サプライチェーン排出量は、サプライチェーンの「どこで」CO_2が排出されているかによって、スコープ1・2・3の3種類に分けられている（本書では原則として「スコープ」とカタカナ表記するが、各種資料を引用する際に元資料で「Scope」となっている場合は、アルファベット表記のまま使用）。

　つまり、サプライチェーン排出量＝スコープ1排出量＋スコープ2排出量＋スコープ3排出量の「足し算」ということになる（【図表2－1－3】）。

【図表2-1-3】サプライチェーン排出量の考え方

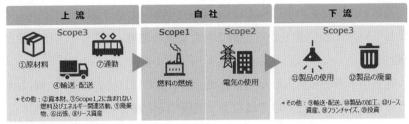

Scope1：事業者自らによる温室効果ガスの直接排出（燃料の燃焼、工業プロセス）
Scope2：他社から供給された電気、熱・蒸気の使用に伴う間接排出
Scope3：Scope1、Scope2以外の間接排出（事業者の活動に関連する他社の排出）

出典：環境省「サプライチェーン排出量　概要資料＜2023年3月16日リリース＞」1頁
https://www.env.go.jp/earth/ondanka/supply_chain/gvc/files/SC_gaiyou_20230301.pdf

(2) スコープ1排出量とは

　スコープ1排出量とは、「事業者自らによる温室効果ガスの直接排出（燃料の燃焼、工業プロセス）」のことをいう。

　先ほどの小売業の例でいえば、「お客様への商品の配達にトラックを使用し軽油を消費していること」（燃料の燃焼）に伴うCO_2排出量が該当する。

　製造業の生産工程で、加熱炉やボイラーを温める熱源として重油や都市ガスなどの化石燃料を使用していれば、これも「事業者自らによる温室効果ガスの直接排出（燃料の燃焼）」となる。

　自社が運用・使用している車両・設備等から、実際にその場でCO_2が発生しているので「直接排出」と呼ばれる。

　工業プロセスの典型例としては、セメント製造業において、原材料の石灰石（炭酸カルシウム）を加熱分解する過程で生じるCO_2が該当する。ただ、一般の中小企業にはほぼ当てはまらないと考えてよい。

(3) スコープ2排出量とは

　スコープ2排出量とは、「他者から供給された電気、熱・蒸気の使用に

伴う間接排出」のことをいう。

　先ほどの小売業の例でいえば、「自社の店舗・倉庫・事務所で電気を消費していること」（他社から供給された電気の使用）に伴うCO_2排出量が該当する。

　電気事業者から購入した電気を使っているのは自社の事業所であるが、そこで発電しているわけではなく、実際にその場でCO_2が発生しているわけでもない。電気事業者が他の場所で運営する発電所で排出されたCO_2のうち、自社が使った電気の分は、自社が排出したものと考えるということである。

　そういう意味で「間接排出」と呼ばれるが、その排出の原因となる活動、すなわち電気を使用しているのは自社である。

　「他社から供給された熱・蒸気」は、例えば地域冷暖房で供給された温水や蒸気のことをいう。これも、一般の中小企業にはほぼ当てはまらないだろう。

(4)　スコープ3排出量とは

　スコープ3排出量とは、「スコープ1、スコープ2以外の間接排出（事業者の活動に関連する他社の排出）」のことをいう。

　先ほどの小売業の例でいえば、「自社の店舗・倉庫に在庫している商品の輸送」、「商品の製造や、その原材料を調達する段階でのエネルギーの使用」、「お客様の家庭や事業所での商品の利用に伴う電気の使用」、「廃棄段階での焼却処理」などが該当する。

　それぞれ、スコープ2排出量の場合と同様に「間接排出」として位置付けられ、自社の事業所・設備・車両等で実際にCO_2が発生しているわけではないが、自社が関係する分は、自社が排出したものと考えるということである。

　スコープ3排出量は、企業ごとにサプライチェーンが異なるので、その数だけ千差万別であり得るが、各社が独自に定義し、独自の計算方法

でCO_2排出量を算定すると比較可能性がなくなってしまうので、統一的に15カテゴリに分類されている(【図表2-1-4】)。

ただし、この15カテゴリを必ず算定しなければならないわけではない。

中小企業の場合、「カテゴリ14：フランチャイズ」や「カテゴリ15：投資」が該当するケースは少ないと思われる。

物品の製造販売を行わないサービス業の場合、輸配送にかかわるカテゴリ4・9や、販売した製品にかかわるカテゴリ10・11・12は、そもそも当てはまらない。

また、当てはまるカテゴリはあるものの、サプライチェーン全体に占める割合が極めてわずかな場合もある。

【図表2-1-4】スコープ3の15カテゴリ

	Scope3 カテゴリ	該当する活動（例）
1	購入した製品・サービス	原材料の調達、パッケージングの外部委託、消耗品の調達
2	資本財	生産設備の増設（複数年にわたり建設・製造されている場合には、建設・製造が終了した最終年に計上）
3	Scope1,2 に含まれない燃料及びエネルギー活動	調達している燃料の上流工程（採掘、精製等） 調達している電力の上流工程（発電に使用する燃料の採掘、精製等）
4	輸送、配送（上流）	調達物流、横持物流、出荷物流（自社が荷主）
5	事業から出る廃棄物	廃棄物（有価のものは除く）の自社以外での輸送（※1）、処理
6	出張	従業員の出張
7	雇用者の通勤	従業員の通勤
8	リース資産（上流）	自社が賃借しているリース資産の稼働（算定・報告・公表制度では、Scope1,2 に計上するため、該当なしのケースが大半）
9	輸送、配送（下流）	出荷輸送（自社が荷主の輸送以降）、倉庫での保管、小売店での販売
10	販売した製品の加工	事業者による中間製品の加工
11	販売した製品の使用	使用者による製品の使用
12	販売した製品の廃棄	使用者による製品の廃棄時の輸送（※2）、処理
13	リース資産（下流）	自社が賃貸事業者として所有し、他者に賃貸しているリース資産の稼働
14	フランチャイズ	自社が主宰するフランチャイズの加盟者の Scope 1,2 に該当する活動
15	投資	株式投資、債券投資、プロジェクトファイナンスなどの運用
	その他（任意）	従業員や消費者の日常生活

※1 Scope3 基準及び基本ガイドラインでは、輸送を任意算定対象としています。
※2 Scope3 基準及び基本ガイドラインでは、輸送を算定対象外としていますが、算定頂いても構いません。
出典：環境省「サプライチェーン排出量 概要資料」2頁
https://www.env.go.jp/earth/ondanka/supply_chain/gvc/files/SC_gaiyou_20230301.pdf

3 中小企業の取組実態

(1) 中小企業の温室効果ガス排出量

中小企業の温室効果ガス排出量はどのくらいであろうか。経済産業省によれば、2017年度において1.2億～2.5億t-CO_2、日本全体の排出量12億9,200万t-CO_2に対して、1～2割を占めると推計されている(【図表2－1－5】)。

- 地球温暖化対策推進法(温対法)に基づいて報告されている温室効果ガス排出量5.8億t-CO_2のうち、中小企業者の分が1.2億t-CO_2
- 産業・業務・エネルギー転換部門(要するに企業活動に伴う排出)の総排出量7.1億t-CO_2から、温対法に基づく報告量5.8億t-CO_2を差し引いた1.3億t-CO_2のほとんどが中小企業分

【図表2－1－5】中小企業の温室効果ガス排出量の推計(2017年度)

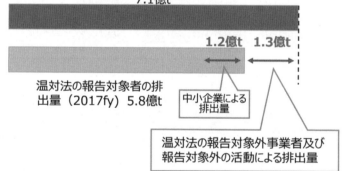

※日本全体の総排出量(2017fy):12億9,200万トン
※GHGを年間3,000t-CO2以上排出する企業等は、地球温暖化対策推進法に基づく排出量報告対象となっている。

出典:経済産業省環境経済室「中小企業のカーボンニュートラルに向けた支援機関ネットワーク会議」(2022年7月29日開催)参考資料2「中小企業のカーボンニュートラル施策について」1頁
https://www.meti.go.jp/policy/energy_environment/global_warming/SME/network/02.pdf

中小企業も含め、温対法の報告義務がある大企業が排出削減に取り組

めばいいではないかという見方もあるかもしれない。

　しかし、日本全体で2050年までにカーボンニュートラルを実現、2030年までに2013年度比46％削減（さらに50％削減を目指す）という目標のもとでは、たかが1割といって、中小企業だけは未対策・無対策のままで良しとすることはできないであろう。

(2)　中小企業・小規模事業者の取組み

　2024年版中小企業白書には、中小企業・小規模事業者を対象としたカーボンニュートラルの取組状況に関するアンケート結果が掲載されている。

　この調査では取組みのレベルを段階0～5までの6段階に分けている。本書の「知る・測る・減らす＋開示する」のフレームを当てはめると、以下のようになる（【図表2－1－6】）。

【図表2－1－6】カーボンニュートラルの取組状況の段階と「知る・測る・減らす＋開示する」のフレームの対応

段階0：気候変動対応やCO_2削減に係る取組の重要性について理解していない	―
段階1：気候変動対応やCO_2削減に係る取組の重要性について理解している	知る
段階2：事業所全体での年間CO_2排出量（Scope 1、2）を把握している	測る
段階3：事業所における主要な排出源や削減余地の大きい設備等を把握している	
段階4：段階3で把握した設備等のCO_2排出量の削減に向けて、削減対策を検討・実行している	減らす
段階5：段階1～4の取り組みを実施しており、かつ情報開示を行っている	開示する

出典：中小企業庁「2024年版　中小企業白書」Ⅰ－224頁をもとに作成・加筆
https://www.chusho.meti.go.jp/pamflet/hakusyo/2024/PDF/chusho/03Hakusyo_part1_chap4_web.pdf

　調査結果（【図表2－1－7】）をみると、過半数の回答企業が「段階1：気候変動対応やCO_2削減に係る取組の重要性を理解している」としながらも、CO_2排出量は把握していない。

　「段階2：事業所全体での年間CO_2排出量（スコープ1・2）を把握している」、もしくはそれ以上の段階まで取り組んでいる中小企業の割合

は、ようやく2割を超えるようになったが、アンケートに回答しなかった中小企業も含めて考えると、その比率はさらに低いと思われる。

「知る」と「測る」の間には大きなギャップがあると言える。

【図表2−1−7】脱炭素化の取組状況の推移（2019〜2023年）

2019年
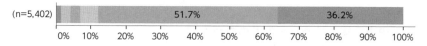
(n=5,402) 51.7% 36.2%

2020年
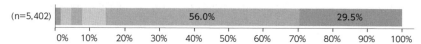
(n=5,402) 56.0% 29.5%

2021年
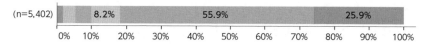
(n=5,402) 8.2% 55.9% 25.9%

2022年
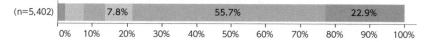
(n=5,402) 7.8% 55.7% 22.9%

2023年（現在）
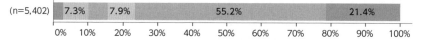
(n=5,402) 7.3% 7.9% 55.2% 21.4%

- 段階0：気候変動対応やCO_2削減に係る取組の重要性について理解していない
- 段階1：気候変動対応やCO_2削減に係る取組の重要性について理解している
- 段階2：事業所全体での年間CO_2排出量（Scope 1、2）を把握している
- 段階3：事業所における主要な排出源や削減余地の大きい設備等を把握している
- 段階4：段階3で把握した設備等のCO_2排出量の削減に向けて、削減対策を検討・実行している
- 段階5：段階1〜4の取組を実施しており、かつ情報開示を行っている

資料：(株)帝国データバンク「中小企業が直面する外部環境の変化に関する調査」

出典：中小企業庁「2024年版中小企業白書」Ⅰ-225頁　第1-4-26図
https://www.chusho.meti.go.jp/pamflet/hakusyo/2024/PDF/chusho/03Hakusyo_part1_chap4_web.pdf

また、脱炭素化の取組状況は業種によって異なる(【図表2-1-8】)。段階2(事業所全体のスコープ1・2排出量を把握)以上の取組みを行っている割合が比較的高いのは、建設業・製造業、次いで運輸業・卸売業・小売業である。

【図表2-1-8】脱炭素化の取組状況(業種別・2023年)

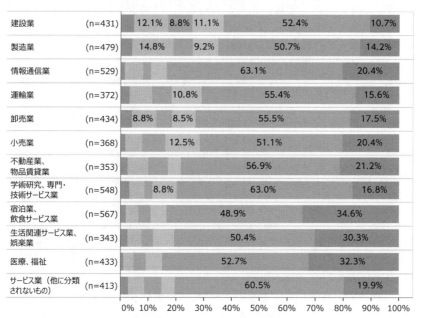

- 段階0:気候変動対応やCO2削減に係る取組の重要性について理解していない
- 段階1:気候変動対応やCO2削減に係る取組の重要性について理解している
- 段階2:事業所全体での年間CO2排出量(Scope1、2)を把握している
- 段階3:事業所における主要な排出源や削減余地の大きい設備等を把握している
- 段階4:段階3で把握した設備等のCO2排出量の削減に向けて、削減対策を検討・実行している
- 段階5:段階1~4の取組を実施しており、かつ情報開示を行っている

資料:(株)帝国データバンク「中小企業が直面する外部環境の変化に関する調査」
(注)脱炭素化の取組状況は、2023年時点の状況を集計している。

出典:中小企業庁「2024年版中小企業白書」Ⅰ-227頁 第1-4-28図
https://www.chusho.meti.go.jp/pamflet/hakusyo/2024/PDF/chusho/03Hakusyo_part1_chap4_web.pdf

そうした業種別の取組状況の違いを生む要因の1つとして、脱炭素化の取組みに関する取引先からの協力要請の状況が考えられる。具体的な取組みが行われている割合が相対的に高い5業種（建設業・製造業、次いで運輸業・卸売業・小売業）については、脱炭素化の取組みに関する取引先からの協力要請が「有」とする割合が10－15％程度で、他業種（10％未満）に比べて高い傾向がみられる（【図表2－1－9】）。

【図表2－1－9】脱炭素化の取組に関する取引先からの協力要請の有無（業種別・2023年）

業種	n	協力要請を受けた	協力要請を受けていない
建設業	n=430	12.3%	87.7%
製造業	n=478	15.1%	84.9%
情報通信業	n=528	8.7%	91.3%
運輸業	n=370	11.9%	88.1%
卸売業	n=431	10.9%	89.1%
小売業	n=366	14.2%	85.8%
不動産業、物品賃貸業	n=353	5.9%	94.1%
学術研究、専門・技術サービス業	n=546	7.9%	92.1%
宿泊業、飲食サービス業	n=567	4.6%	95.4%
生活関連サービス業、娯楽業	n=342	3.5%	96.5%
医療、福祉	n=432	2.1%	97.9%
サービス業（他に分類されないもの）	n=411	7.5%	92.5%

資料：（株）帝国データバンク「中小企業が直面する外部環境の変化に関する調査」
出典：中小企業庁「2024年版中小企業白書」Ⅰ-232頁　第1-4-33図
https://www.chusho.meti.go.jp/pamflet/hakusyo/2024/PDF/chusho/03Hakusyo_part1_chap4_web.pdf

　取引先からの協力要請の内容としては、「省エネルギー（使用量削減や設備更新等）」、「CO_2排出量の算定」、「CO_2排出削減」、「再生可能エネルギーの利用」等、スコープ1・2排出量の算定・削減に関するものが上位を占める（【図表2－1－10】）。
　一方で、「グリーン製品（環境負荷の低い製品）仕入れへの移行」についても一定程度の要請がみられるが、これはスコープ3・カテゴリ1（購入した製品・サービス）排出量の削減につながるものといえる。
　そのほか、「グリーン分野への業態転換・事業再構築」、「カーボンフッ

トプリント（CFP）の算定・開示向けた取組」、「中小企業向けSBT認定の取得」（SBTについては後述）といった、より高度な取組みを求める要請も、わずかながらみられる。

今後、中小企業に対する取引先からの脱炭素要請は増えていくことが予想される。対応が不十分であればリスクとなり得るため、それだけ、「測る」、「減らす」の取組みへの適時適切な支援の必要性も高まっていくといえる。

【図表2－1－10】脱炭素化の取組に関する取引先からの協力要請の内容

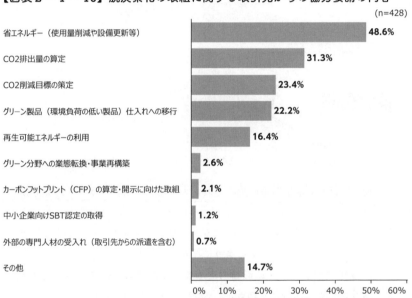

資料：（株）帝国データバンク「中小企業が直面する外部環境の変化に関する調査」
（注）1. 2020年、2022年、2023年の各年における、脱炭素化の取組に関する取引先からの協力要請の有無を尋ねた質問で、いずれかの年度で「協力要請を受けた」と回答した企業に対して聞いたもの。
2. 複数回答のため、合計は必ずしも100%にならない。

出典：中小企業庁「2024年版中小企業白書」Ⅰ-233頁　第1-4-34図
https://www.chusho.meti.go.jp/pamflet/hakusyo/2024/PDF/chusho/03Hakusyo_part1_chap4_web.pdf

【図表２－１－11】イノベーター理論で脱炭素経営の普及を考えてみる

マーケティングの世界では、古典的な理論ともいえる「イノベーター理論」が世に出たのは1962年、提唱したのはスタンフォード大学のロジャーズ教授であるとされている。

「イノベーター理論」では、新しい商品・サービス、ライフスタイルや考え方などが普及していくのには5つの段階があり、それぞれに対応した層に名前と比率を与えている。

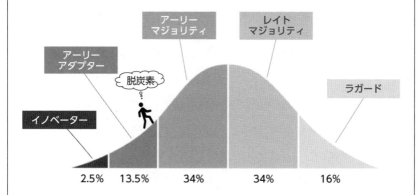

2023年版中小企業白書に掲載されたカーボンニュートラルの取組状況に関するアンケート結果をみると、カーボンニュートラルに取り組む層がアーリーアダプターからアーリーマジョリティに拡がり始めるかどうかというところまで進んできているように見受けられる。

アーリーマジョリティに影響力をもつオピニオンリーダーが採用すると、普及が一気に進むとされる。

中小企業における脱炭素経営の普及に影響力をもつオピニオンリーダーは誰なのか？どこにいるのか？

2 スコープ1・2排出量の基本的な考え方および具体的な算定方法

1 スコープ1排出量の算定方法と具体例

スコープ1排出量とは、「事業者自らによる温室効果ガスの直接排出（燃料の燃焼、工業プロセス）」のことをいう。その排出量の算定方法と具体例をみていく。なお、以下の計算式に示すCO_2排出係数は、都市ガスを除き、環境省「算出・報告・公表制度における算出方法・排出係数一覧（令和5年12月12日更新）」より引用している。

(1) ガソリン・軽油

自社保有またはリースの車両を運行している場合、その燃料消費に伴ってCO_2が排出される。

その排出量は、燃料種別の合計消費量に、それぞれの燃料種別のCO_2排出量を「掛け算」することで算定できる。燃料は、通常はガソリンか軽油である（電気自動車（EV）を導入している場合は、電力消費に伴うCO_2排出量の一部としてカウントする）。

◆基本的な算定方法

・ガソリン消費に伴うCO_2排出量の算定

計算例）年間のガソリン消費量が1,000ℓの場合

1,000ℓ × 2.29kg-CO_2/ℓ = 2,290kg-CO_2（2.29t-CO_2）

【計算式】

活動量		CO_2排出係数		CO_2排出量
ガソリン消費量 （　　　）ℓ	×	2.29kg-CO_2/ℓ	=	（　　　）kg-CO_2

・軽油消費に伴うCO_2排出量の算定

計算例）年間の軽油消費量が1,000ℓの場合

1,000ℓ × 2.62kg-CO_2/ℓ ＝ 2,620kg-CO_2（2.62t-CO_2）

【計算式】

(2) 企業全体または事業所単位のCO_2排出量の算定

　企業全体または事業所単位のCO_2排出量を算定するだけであれば、ガソリンや軽油の消費量をもれなく「足し算」できれば、あとはそれにCO_2排出係数を「掛け算」するだけであるから、特に難しいことはなさそうである。

　しかし、ガソリンや軽油の消費量をもれなく「足し算」すること自体が、なかなか面倒で難しい作業になる場合があり、その理由として以下のようなことが考えられる。

① 集計する仕組み・体制がない

　環境マネジメントシステムを構築・運用していて、ガソリンや軽油の購入量を集計する仕組みが確立されていれば別だが、そうでない場合は、その仕組みづくりから始める必要がある。

　そして、残念なことに、中小企業全体でみれば「そうでない場合」の方が圧倒的に多い。

　どの企業でも、経理部門・経理担当者がすべての証憑をもらさず収集し、「¥」を入力・集計する仕組みがあるはずである。同じ証憑（もしくは付帯する内訳書等）にガソリンや軽油の購入量も記載されているはずだが、通常、その入力・集計は行われていない。

　つまり、CO_2排出量算定をゼロから始めようとする場合、今までなかった仕事が新たに発生し、それをどこかの部署が担い、誰かが担当者に

なる必要が出てくる。

　算定作業に取り掛かる前に、「どこの部署の・誰の」仕事にするかを決めること自体が、一仕事である。「それはうちの部署の仕事ですね」、「はい、私がやります」とすんなり手が上がるとはかぎらない。

　環境マネジメントシステムを構築・運用している企業では、多くの場合、環境マネジメントの事務局・担当者が、経理による「¥」の入力・集計とは別に、「ℓ」を入力・集計する作業を行うかたちに落ち着いている（電力の「kWh」や廃棄物の「kg」などの物量も同様）。

　ただ本来は、「¥」と「ℓ」「kWh」「kg」などの物量は同時に入力・集計し、環境マネジメントの成果をすぐに・常に金額換算できるようにしておくことを強く推奨したい。

　一度落ち着いてしまった仕組みを変えるのも労力がかかるので、新たにCO_2排出量算定に取り組む場合は、ぜひともこの点を念頭に置いて、仕組みづくりと作業分担を考えていただきたい。

【図表2－2－1】脱炭素の成果は金額換算しましょう！

　エコアクション21など環境マネジメントに取り組んでいる企業において、環境の担当者は「ℓ」「kWh」「kg」などの物量で取組みの成果を表現する。脱炭素であれば、「$kg\text{-}CO_2$」「$t\text{-}CO_2$」である。

　しかし、環境の担当者から「社長、環境マネジメントの成果がまとまりました、前期に比べてCO_2排出量が$4t\text{-}CO_2$減りました！」と報告を受けて、「おお、それはすごい成果だな」、あるいは「それじゃ全然だめだな」とすぐにピンとくる経営者はほとんどいない。「ああ、そうか」「それがどうした」ぐらいの薄い反応しかないかもしれない。ケースAとしよう。

　これが、営業の担当者から「社長、営業キャンペーンの成果がまとまりました、前年同月に比べて売上が1,000万円アップしました！」と報告を受けたのなら、「おお、よく頑張ったな」、あるいは「それじゃ目標未達じゃないか」とすぐにピンとくるだろう。ケースBとしよう。

　経理の担当者から、「社長、経費節減の成果がまとまりました、前期に比べて固定費が30万円削減できました！」と報告を受けても、ケースB

と同じようにピンとくるだろう。ケースCとしよう。

　単位が「¥」の話なら、経営者は敏感だ。脱炭素（ケースA）の成果も金額換算して「¥」の話にできれば、ケースBやCと同じように評価される。そうしないのはもったいない。

　さて、ケースAの4t-CO_2の削減が、ガソリン消費量の削減によって達成されたとする。ガソリンのCO_2排出係数2.29kg-CO_2/ℓであるから、1t-CO_2を削減できたなら、それはガソリンの消費量を約436ℓ削減した結果である。4t-CO_2なら、436 × 4 = 1,744ℓの削減である。平均購入単価が170円/ℓとすれば、1,744ℓ × 170円/ℓ = 296,480円（約30万円）のガソリン購入額を削減した結果、4t-CO_2が削減されたことになる。

　ケースAの環境の担当者は、ケースCの固定費30万円節減と同等の経済的成果をあげたわけである。

　また、中小企業の売上高営業率は平均で3％前後である。ケースBの1,000万円の売上アップは、営業利益にすれば30万円相当で、ケースA・Cの経費節減による営業利益アップと同等である。

　つまり、ケースA・B・C、実はいずれも同等の経済的効果があったわけである。それなのに、ケースAの環境の担当者だけ、あまり評価されないのはあまりに残念ではないだろうか。

② 精算方法が統一されていない

　ガソリンや軽油を購入した際の支払方法は必ずしも一通りではない。法人カード、請求書払い、現金精算などが混在している場合、必要な証憑がそれだけ多く存在することになる。

　証憑がどんなに多くても、「¥」については会社の経理としては1枚残らず、1円ももらさず集計して決算しているわけだから、「ℓ」の集計も原理的にできないことではない。ただし、手間暇がかかる。

　さらに、社員の自家用車を業務に使用させ、業務で使ったガソリンは個別に立替精算している、などというケースがあると、数量としてはごくわずかであるが、取扱いをどうするかを決めるのに意外と時間をとられることもある。例外処理は、大勢にそれほど影響しない割に労力をと

られるものであり、極力なくしたい。

CO_2排出量算定を機に、購入・支払い方法を一本化したり、例外処理をなくすことで、業務効率化を図ってもよいだろう。

③ 車両や運転者ごとの排出量の算定

とりあえず企業全体や事業所単位での排出量がわかることは必要だが、それだけでは「減らす」、つまり排出削減策には必ずしもつながらない。

ガソリン車の中でも、軽自動車、乗用車、小型トラック、ハイブリッド車といった違いがあり、ディーゼル車でも、2t車、4t車、10t車といった違いがある。車種・車齢により、元々の燃費性能も異なる。

一般道を走るか高速道路を走るか、市街地を走るか郊外を走るか、走行するエリアが平坦か、高低差が大きいか、1日当たりや1回当たりの走行距離が短いか長いか、など、車両の使い方によって、燃料消費量や燃費は異なる。

運転者のエコドライブの技量によって、同じ車両・同じルート・同じ走行距離を走っても、燃料消費量・燃費は異なる。

さらに、構内作業で使用するフォークリフトや、工事現場で使用する重機類などの燃料消費があれば、用途が異なるので、営業活動や輸配送を行う車両の運行とは分けて集計する必要がある。

また、業務遂行上、運転者と車両の対応関係は企業によって様々なパターンがあり得る。

Aさんは1号車、Bさんは2号車…のように、運転者と車両が1対1対応のこともあれば、5人の営業マンで3台の営業車を使っており、いつ誰がどの車両に乗るかは決まっていない場合もある（【図表2-2-2】）。

【図表2-2-2】運転者・車両・燃料消費量の対応関係を明確化する

車両1台1台の排出量を累積した結果が企業全体や事業所単位での排出量であるから、排出削減策は、車両1台1台について検討する必要があり、そのためには車両1台ごとの燃料消費量を把握し、燃費を測定することが必要である。

　アナログだが実用的なのは、車両ごとに走行距離・給油量等を記入するための記録用紙を備え付け、給油するごとに、給油時の運転者が記入していく方法である。

　初めて導入する際には運転者の抵抗感が強く、なかなか協力を得られないこともあるが、やってみれば、給油1回当たり1分もかからない作業である。たまに給油時の記録を忘れることがあっても、走行距離は2回通算で考えればよいし、給油量は証憑から後付けで確認することができる。

　必要最低限の情報は、日付、メーターの表示する走行距離、給油量、金額である。この記録さえあれば、燃費、CO_2排出量、燃料の購入単価が計算できる（【図表2－2－3】）。

【図表2－2－3】走行距離・給油記録からのCO_2排出量等の算定イメージ

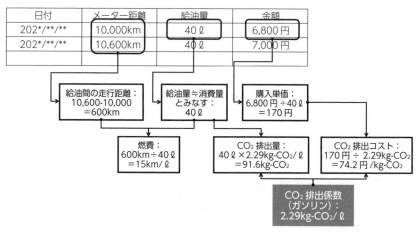

　実は、これだけの情報があれば、CO_2排出コストの計算もできる。上記の計算例であれば、ガソリン1ℓを170円支払って購入して（消費し

て）いるということは、意識していてもいなくても、CO_2を1kg排出するごとに73.3円支払っているのと同じということになる。

　ガソリン購入価格（¥）は、基本的には購入企業がコントロールすることはできないが、ガソリン消費量（ℓ）は燃費（km/ℓ）管理によりコントロールできる。運転者1人ひとりの行動に落とし込むと、エコドライブの実践ということになる。

　なお、実際には、各回の給油量は満タンのこともあれば、20ℓだけ足すといったこともあり、ばらつきがあるものだが、月間・四半期・半期・年度と、集計期間が長く給油回数が増えていくにつれ、次第にならされてくる。

　そうすることで、車両1台ごとの、その企業での使用実態に見合った燃費の「相場感」がわかってくる。同じタイミングで導入した同じ年式の同じ車種の車両が複数台あって、それぞれの「相場感」が異なっているならば、その違いはどこから生まれてくるのかを分析することで、より深い現状把握ができる。

　なお、細かい話だが、年度の消費量を集計する場合に、年度末に行った給油は前期に計上するのか、当期に計上するのか、など処理方法も決めておく必要がある（燃料に限らず、電気その他の物量も同様）。

　これは、会計処理と合わせることにする、というのが現実的であろう。その給油にかかる支払いが前期に費用計上されるならば、給油量も前期に計上する、そのルールは変えない、と明確化しておけば都度頭を悩ませる必要はなくなる。

【図表２－２－４】エコドライブは何のため？誰のため？

　以前、軽貨物運送事業を新たに開業する個人事業主向けに、エコドライブ講習をしてほしいという依頼を受けたことがある。筆者としてもなかなか印象深い経験だったので、少し長くなるが、講習の様子を再現してみよう。

　学歴・職歴・年齢・性別等々、多様性に富んだ受講者を相手にすることになるので、企業研修と同じようにはできない。

　ただ、いかに多様であるといっても、「軽貨物運送事業を新たに開業する個人事業主」であるという点だけは共通である（逆にそれ以外の共通点はないと言ってもよい）。どれだけ稼げるかという期待もあれば、稼げなかったらどうしようという不安もある。そこで環境の話を真正面からしても聞く耳はないだろう。

　いろいろ考えた末、会場で開口一番、最初に伝えたのは、「これから皆さんにエコドライブの話をしますが、環境の話はしませんよ」ということである。「んん？」、「おや？」、「それで？」といった反応である。

　次に伝えたのは、「これから私が話すのは、エコはエコでも、環境のエコロジーではなくて、エコノミー、つまり皆さんのお財布、お金に関係することです」。

　果たして、受講者全員の顔が上がった。「え、何なに、どういうこと？」とキョトンとした顔、「この人、何を言ってるの？」と怪訝な表情、「よくわからないが、お金の話なら聞いてやろうじゃないか」と挑戦的なまなざし、受講者の表情からはこんな気持ちが読み取れた。

　「皆さんは、これから個人事業主のドライバーとしてお仕事を始められますね。きっと稼ぎたいのだと思います。ただ、１つ覚えておいてほしいのは、稼げるかどうかというのは、入って来たお金の額ではなくて、残っているお金の額で決まるってことです。そして、エコドライブは、皆さんのお財布にお金を残すことと関係しているってことです」。

　ここまで話すと、斜にかまえていた方も座り直して前を向き、ふんぞり返っていた人もぐっと前のめりになってきた。

　「この話に興味がある人、手を挙げていただけますか？」と聞くと、全員手が挙がり、「念のため、興味がない人がいたら手を挙げていただけま

すか？」と聞いても、誰も手を挙げない。つかみは上々というところである。

「では、皆さんのお仕事、軽運送を始めた後に、日々、月々、いちばんお金がかかりそうなことは何ですか？」と質問すると、いろいろな答えが返ってくるが、クルマを走らせないことには仕事にならない商売だから、「ガソリン代」というところに落ち着く。

「では、皆さんはガソリン代を安くする方法を知っていますか？」と聞くと、「安いガソリンスタンドを探してそこで入れる」、「カードをつくる」といった答えが返ってくる。

「では、皆さんがおっしゃった方法で、どのくらい安くできますか？」と聞くと、「リッター３円」とか「2％くらい」とかの答えが返ってくる。重ねて「５％とか10％とか安くできる方法はないんですか？」と聞くと、「ない」。

「それは残念ですね。ただ、今日ここにお集りの皆さんはラッキーです。なぜなら、これから、ガソリン代を５％とか10％とか安くできる方法を聞くことができるからです。しかもその方法は、お金が１円もかからないんです。どうですか皆さん、この話、聞きたいですか？」ともったいぶり気味に言うと、全員うんうんとうなずく。

そこでようやく、「実はその方法がエコドライブなんですよ」といって本題に入っていったわけである。

ちなみに筆者はJAF（日本自動車連盟）のエコドライブ講習を受けたことがあり、講習前の計測値と講習後の計測値を比較して、燃費が11.1km/ℓから16.7km/ℓへ50％向上した実体験があった。同じ車両で同じコースを同じ人が運転して、たった２時間ほどの講習を受けただけでこれだけの差が出るというのは衝撃的だった。と同時に「やれば、できる」こともわかった。さらに、指導してくださった教官の燃費は、筆者の講習後の燃費に対してさらに20％以上よかったので、それも驚きだった。

実走行で講習のとおりにできるかといえば、難しい面もあるが、５％や10％の燃費向上は十分に可能である。

こうしたエピソードも伝えた上で、「それが実現できるかどうかは、皆さんの右足、つまりアクセルワークにかかっています。お財布にお金が残るように、これからの話をよく聞いて、右足にも言い聞かせてくださいね」と言って、そこからはエコドライブのポイントをお伝えして講習を終えた

のである。
　環境の「エコ」については話さないと言ったけれど、「皆さんが自分の財布にやさしいエコドライブを実践していれば、自動的に間違いなく環境にもやさしい運転になっていますから、難しく考える必要はありません、安心してください」、というぐらいの説明はしておいた。
　途中で眠りに落ちた人や、話を聞かずにスマホをいじる人や、途中で退出して電話する人などはいなかったことを付け加えておく。

(2)　灯油・重油

　灯油の主な用途は暖房である。石油ストーブ、石油ファンヒーター、ビル暖房用燃料等が挙げられる。
　重油については、A重油・B重油・C重油に分かれており、それぞれ用途が異なる（【図表2－2－5】）。
　算定方法は、ガソリン・軽油と同様であるが、CO_2排出係数が異なる。

【図表2－2－5】重油の用途

- ●重油は粘度の違いによりA重油、B重油、C重油に分類されています。
- ●A重油は重油の中では最も動粘度が低く、茶褐色の製品です。用途は、工場の小型ボイラ類をはじめ、ビル暖房、農耕用ハウス加温器、陶器窯焼き用の他に、漁船など船舶用燃料などとして用いられています。
- ●C重油は、A重油に比べて粘度が高く、黒褐色の製品です。その用途は、火力発電や工場の大型ボイラ、大型船舶のディーゼルエンジン用の燃料などとして用いられています。
- ●B重油はA重油とC重油の中間の動粘度の製品ですが、現在はほとんど生産されていません。

出典：石油連盟HP「Q&A　重油の品質」より
https://www.paj.gr.jp/statis/faq/72

◆基本的な算定方法

・灯油消費に伴う CO_2 排出量の算定

計算例）年間の灯油消費量が1,000ℓの場合

1,000ℓ × 2.50kg-CO_2/ℓ = 2,500kg-CO_2（2.50t-CO_2）

【計算式】

活動量 灯油消費量 （　　　）ℓ	×	CO_2 排出係数 2.50kg-CO_2/ℓ	=	CO_2 排出量 （　　　）kg-CO_2

・重油消費に伴う CO_2 排出量の算定

計算例）年間の重油（A重油）消費量が10,000ℓ（10kℓ）の場合

10,000ℓ × 2.75kg-CO_2/ℓ = 27,500kg-CO_2（27.5t-CO_2）

【計算式】

活動量 A重油消費量 （　　　）ℓ	×	CO_2 排出係数 2.75kg-CO_2/ℓ	=	CO_2 排出量 （　　　）kg-CO_2

　筆者の場合、エコアクション21の審査・コンサルタントにおける活動は、関東を中心に、それより西のエリアがほとんどなので、灯油を大量に使用している企業・事業所に遭遇することはあまりないが、北海道・東北などの寒冷な地域においては、環境経営レポートでみると、灯油の使用量が多い事業者も見受けられる。

　東京に本社がある企業の審査業務の一環として、北海道の事業所に現地審査に伺った際に、環境負荷データに灯油の使用実績があり冬季に使用されていたので「灯油の用途は暖房用ですね？」と確認のつもりで聞いたことがある。すると、暖房ではなくて融雪用に使っている、という答えが返ってきた。思い込みは禁物である。

　重油については、工場のボイラー燃料だけでなく、ビニールハウス（農業）や船舶燃料（漁業）など一次産業での利用もある。生産者にと

っては操業に不可欠な燃料の価格高騰は打撃であるが、これを価格転嫁すれば、農産物や水産物の値上げによる買い控え・需要減退が危惧されるし、価格転嫁ができなければコスト増となって収益性が低下し、どちらにせよアタマの痛い問題である。

(3) 都市ガス・LPガス

都市ガスは、中小企業の事業活動においてはボイラーや工業炉などの熱源や発電用燃料(工業用)、レストランなどの厨房やオフィスビル・商業施設などの冷暖房や給湯(商業用)などに幅広く使用されている。

LPガス(液化石油ガス)についても同様の用途のほか、タクシーやトラック等の自動車用燃料として使用されている。

◆基本的な算定方法

・都市ガス消費に伴うCO_2排出量の算定

計算例)年間の都市ガス消費量が10千㎥の場合

10千㎥×2.05t-CO_2/千㎥=12.05t-CO_2(12,050kg-CO_2)

【計算式】

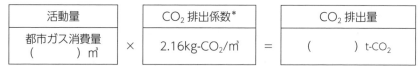

* 都市ガスのCO_2排出係数は、令和6年報告より事業者ごとの数値が公表されることになった。ここでは、参考値として、代替値を記載した。なお、係数が「t-CO_2/千㎥」単位であることに注意する必要がある。

・LPガス消費に伴うCO_2排出量の算定

計算例)年間のLPガス消費量が1,000kgの場合

1,000kg×2.99kg-CO_2/ℓ=2,990kg-CO_2(2.99t-CO_2)

【計算式】

活動量		CO$_2$排出係数		CO$_2$排出量
LPガス消費量 (　　　) kg	×	2.99kg-CO$_2$/kg	=	(　　　) kg-CO$_2$

　都市ガス・LPガスいずれについても、月間の使用量を請求書・検針票で確認し、排出係数を「掛け算」すれば算出できるが、使用量については注意が必要である。

　月々の請求書・検針票等では、LPガスの使用量が「㎥」で記載されている場合もある。

　この場合、「㎥」を「kg」に換算する必要がある。そこで、ここでは、エコアクション21ガイドライン「別表　環境への負荷の自己チェック表」の注記の換算式（1㎥ = 2.07kg）を示しておく。

(4)　その他の化石燃料

　中小企業において該当するケースは少ないと思われるが、燃料の使用に関する排出係数一覧を掲げておく（ガソリン・軽油・灯油・重油・LPG・都市ガスの排出係数を含む）。

【図表2－2－6】燃料の使用に関する排出係数一覧（都市ガスを除く）

分類	燃料種	単位	値
固体化石燃料	輸入原料炭	tCO₂/t	2.59
	コークス用原料炭	tCO₂/t	2.60
	吹込用原料炭	tCO₂/t	2.60
	輸入一般炭	tCO₂/t	2.33
	国産一般炭	tCO₂/t	2.15
	輸入無煙炭	tCO₂/t	2.64
	石炭コークス	tCO₂/t	3.18
	石油コークス又はFCCコーク（流動接触分解で使用された触媒に析出する炭素）	tCO₂/t	3.06
	コールタール	tCO₂/t	2.86
	石油アスファルト	tCO₂/t	2.99
液体化石燃料	コンデンセート（NGL）	tCO₂/kl	2.34
	原油（コンデンセート（NGL）を除く。）	tCO₂/kl	2.67
	揮発油	tCO₂/kl	2.29
	ナフサ	tCO₂/kl	2.27
	ジェット燃料油	tCO₂/kl	2.48
	灯油	tCO₂/kl	2.50
	軽油	tCO₂/kl	2.62
	A重油	tCO₂/kl	2.75
	B・C重油	tCO₂/kl	3.10
	潤滑油	tCO₂/kl	2.93
気体化石燃料	液化石油ガス（LPG）	tCO₂/t	2.99
	石油系炭化水素ガス	tCO₂/千m³	2.43
	液化天然ガス（LNG）	tCO₂/t	2.79
	天然ガス（液化天然ガス（LNG）を除く。）	tCO₂/千m³	1.96
	コークス炉ガス	tCO₂/千m³	0.735
	高炉ガス	tCO₂/千m³	0.313
	発電用高炉ガス	tCO₂/千m³	0.334
	転炉ガス	tCO₂/千m³	1.16
廃棄物の燃料利用	RDF	tCO₂/t	1.07
	RPF	tCO₂/t	1.64
	廃タイヤ	tCO₂/t	1.64
	廃プラスチック類（一般廃棄物）	tCO₂/t	2.76
	廃プラスチック類（産業廃棄物）	tCO₂/t	2.57
	廃油（植物性のもの及び動物性のものを除く。）、廃プラ（植物性のもの及び動物性のものを除く。）から製造された燃料炭化水素油	tCO₂/kl	2.64
	廃プラスチック類から製造される燃料炭化水素油	tCO₂/kl	2.62

出典：環境省「算定・報告・公表制度における算定方法・排出係数一覧」（参考1）23頁
https://ghg-santeikohyo.env.go.jp/files/calc/itiran_2023_rev3.pdf

　該当する燃料がある場合、消費量×該当燃料の排出係数で排出量を算定する。排出係数の分母（＝活動量の単位）が、重量（t）、液体容積（kℓ）、気体体積（m³）の場合があるので、注意が必要である。

【計算式】

活動量		CO_2 排出係数		CO_2 排出量
消費量 （　　　　）	×	該当燃料の排出係数 （　　　　）	=	（　　　　）-CO_2

2　スコープ2排出量の算定方法と具体例

(1)　基本的な算定方法

スコープ2排出量とは、「他者から供給された電気、熱・蒸気の使用に伴う間接排出」のことをいう。その排出量の算定方法と具体例をみていこう。

(2)　他者から供給された電気

小規模オフィスから大工場に至るまで、ほとんどすべての企業が、電力会社から電気の供給を受けて様々な用途に使用している。

また、自社車両をもたず化石燃料を熱源として使用する工場もない企業の場合、電力由来のCO_2排出量がスコープ1・2排出量のすべて、またはほとんどを占めることになる。

◆基本的な算定方法

・他者から供給された電力の使用に伴うCO_2排出量の算定

計算例）年間の電力使用量が100,000kWhの場合

100,000 kWh × 0.429kg-CO_2/kWh = 42,900kg-CO_2 （42.9t-CO_2）

【計算式】

活動量		CO_2 排出係数		CO_2 排出量
電力使用量 （　　　）kWh	×	電力会社・メニューごとの排出係数を使用 0.429kg-CO_2/kWh*	=	（　　　　）kg-CO_2

＊ 0.441kg-CO_2/kWh は、環境省ウェブサイト「温室効果ガス排出量　算定・報告・公表制度＞算定方法・排出係数一覧」に掲載されている、令和6年提出用の電気事業者別排出係数一覧に記載されている代替値（自社の電力契約に適用すべき排出係数がわからない場合に使用）。

一昔前までは、電気を購入する先といえば、東京電力・関西電力・中部電力などのいわゆる地域十電力に決まっていたものだが、現在は電力自由化により小売電気事業者が増え、電力契約の選択肢が増えている。
　そこで、電気使用に由来するCO_2排出量を算定するための最初の作業は、契約している電力会社の確認である。電力供給契約・請求書・検針票等で確認できるはずである。
　ちなみに環境省ウェブサイト「温室効果ガス排出量算定・報告・公表制度」の電気事業者別排出係数関連ページ(https://ghg-santeikohyo.env.go.jp/calc/denki)に掲載されている排出係数一覧表(本書執筆時点では令和6年用提出用が最新版)には、約600の小売電気事業者が掲載されている。
　その先は、契約している電力会社のCO_2排出係数を探し出して、活動量である電力使用量に「掛け算」すれば一件落着であるが、そこがなかなか一筋縄ではいかない。

① 契約している電力会社のCO_2排出係数の確認
　実際に排出係数の一覧表(令和6年提出用)をみると、小売電気事業者1社につき1つの排出係数ではないことが多い(【図表2-2-7】)。つまり、1社で複数のメニューがあり、メニューごとに異なる排出係数が設定されているのである。
　筆者の会社の場合は東京電力エナジーパートナーから電力を購入しているので、一覧表で社名を探し出すと、メニューが13種類もあることがわかる。
　メニューA～Kまでの11種類は排出係数ゼロ、12種類目のメニューLには(残差)という括弧書きがついており、さらにもう1つ、13種類目の参考値(事業者全体)の数字もある。一体どれがわが社の契約に当てはまるのか、これだけではわからない。

【図表2−2−7】東京電力の排出係数一覧（令和6年提出用）より

【小売電気事業者】

登録番号	電気事業者名	基礎排出係数 (t-CO₂/kWh)	調整後排出係数 (t-CO₂/kWh)		各事業者の 把握率 (%)
A0269	東京電力エナジー パートナー(株)	0.000457	メニュー A	0.000000	99.97
			メニュー B	0.000000	
			メニュー C	0.000000	
			メニュー D	0.000000	
			メニュー E	0.000000	
			メニュー F	0.000000	
			メニュー G	0.000000	
			メニュー H	0.000000	
			メニュー I	0.000000	
			メニュー J	0.000000	
			メニュー K	0.000000	
			メニュー L(残差)	**0.000390**	
			(参考値) 事業者全体	0.000451	

出典：環境省 HP「温室効果ガス排出量算定・報告・公表制度」電気事業者別排出係数関連ページ
電気事業者別排出係数一覧令和5年提出用より
https://ghg-santeikohyo.env.go.jp/calc/denki

【図表2−2−8】東京電力の契約プランごとの CO_2 排出係数（2022年度）

当社のご契約プランごとの CO_2 排出係数

2022年度の温室効果ガス排出量を算定する際に用いる係数です。

単位：kg-CO_2/kWh

ご契約プラン	CO_2 排出係数		環境省のホームページに おけるメニュー表記[※2]
	2021年度	2022年度	
アクアエナジー100	0.000	0.000	メニュー A
アクアプレミアム			
とちぎふるさと電気			メニュー B
やまなしパワー Next ふるさと水力プラン			メニュー C
FIT 非化石証書付電力			メニュー D
非 FIT 非化石証書付電力			
グリーンベーシックプラン			
彩の国ふるさと電気(卒 FIT 活用)			メニュー E
彩の国ふるさと電気(地域電源活用)			
電源群馬水力プラン			メニュー F
アクア de パワーかながわ			メニュー G
はまっこ電気			メニュー H
サンライトプレミアム			メニュー I
非 FIT 非化石証書付電力(再エネ指定なし)	-	-	メニュー j
オフサイトコーポレート PPA	-	-	メニュー K
上記以外のご契約[※3]	0.456	0.390	メニュー L(残差)

※2 環境省が公表する「電気事業者別排出係数」に記載されるメニュー表記。「地球温暖化対策の推進に関する法律」にもとづく温室効果ガスの排出算定排出量の報告等に用いる場合にご参照ください。
※3 当社は CO_2 ゼロメニューをお客さまに対して販売しており、それ以外のメニューの CO_2 排出係数を示したもの
出典：東京電力エナジーパートナー HP「環境への取り組み」当社のご契約プランごとの CO_2 排出係数
https://www.tepco.co.jp/ep/company/warming/keisuu

一方、東京電力エナジーパートナーが自社のHPで公表している契約ごとのCO_2排出係数（【図表2−2−8】）をみると、わが社の場合は単なる電灯契約なので、「上記以外のご契約」に該当し、「環境省のホームページにおけるメニュー表記」だと「メニューL（残差）」の数字を使えばよいということがわかる。そして、2021年度と2022年度の数値が並んでいるが、環境省の排出係数一覧表には2022年度の数値が掲載されている。

　このように、電力の「契約プラン」と環境省の排出係数一覧表の「メニュー」の対応表があるとわかっており、どういう単語で検索すればよいかもわかっていれば、探し出すことができるが、どちらもかなりウェブサイトの深い階層にあるため、予備知識なしでたどりつくのは至難だろう。

　環境省の排出係数一覧表で契約先の電力会社に複数のメニューがある場合は、ウェブサイトで調べてすぐに見つかればよいが、掲載されていない場合もあるので、直接電力会社に問い合わせるのが早道かもしれない。

② 　CO_2排出係数の単位の確認

　しかし、これで終わりではない。もう1つ注意点がある。環境省の排出係数一覧表と、東京電力の排出係数一覧表では、「単位が違う」のである。

・環境省一覧表の東京電力メニューL（残差）：0.000456t-CO_2/kWh
・東京電力一覧表のメニューL（残差）：0.456kg-CO_2/kWh

　「456」という数字の並びは同じだが、環境省は「t-CO_2」単位、東京電力は「kg-CO_2」単位で情報を出している。

　計算作業に入る前に、作業で使うツールで用いる単位がどちらを想定しているか、確認する必要がある。

　例えばエコアクション21「別表　環境への負荷の自己チェック表」の

「3. エネルギー使用量」のシートには、環境省ウェブサイトから「入手できる排出係数の単位は『t-CO_2/kWh』ですが、本表では単位を『kg-CO_2/kWh』としているため、1,000を乗じて入力してください」という注意書きが記載されている。

これを読み飛ばして、環境省の一覧表からとってきた「0.000456」t-CO_2/kWhの数字をそのまま入力すると、実際の1/1,000の計算結果になってしまう。

もし、そのまま外部に提出・報告・開示したら虚偽報告にもなりかねないので、単なる計算ミスとあなどってはならない。

このケースであれば「0.000456」t-CO_2/kWhを1,000倍して「0.456」kg-CO_2/kWhにしてから入力する必要がある。

排出係数の単位と、算定ツールで設定している単位の確認は忘れないようにしたい。

③ 契約している電力会社がわからない

貸しビルにテナントとして入居している企業の場合、電力会社と直接契約を結んでいないことがある。

物件の所有者である貸主、または貸主から委託を受けている管理会社から電気代の請求を受けて支払っている場合、電気の供給元がどの電力会社かわからない、という問題が生じる。

貸主または管理会社に照会して電力会社を教えてもらえれば、環境省の排出係数一覧表で、その電力会社の係数を見つけることができる。

教えてもらえない場合は、環境省の排出係数一覧表の一番最後に掲載されている、代替値（自社の電力契約に適用すべき排出係数がわからない場合に使用）を使用することが考えられる。令和6年提出用の排出係数一覧では、0.000429t-CO_2/kWhである（0.429kg-CO_2/kWh）。

④ 電力使用量がわからない

上記は、電力会社と直接契約していなくても電力消費量が把握できるケースだが、小規模なオフィスや支店・営業所などで、フロアの中の一

室を借りているだけの場合など、それすらもわからないことがよくある。共益費の中に光熱水道費が含まれていて、電力や水道などの使用量が不明といったケースである。こうなると、活動量もCO_2排出係数も不明なので、排出量算定はお手上げである。

　ただ、どうしても電力使用量を把握してCO_2排出量を算定しなければならない事情があるならば、電気を使用する主な機器の定格電力と台数を調べ上げ、稼働時間を想定して電力使用量を推定するという方法がある。

　照明であれば、設置されている蛍光灯の消費電力（W数）・本数を数え上げ、1日の点灯時間をヒアリングにより設定し、蛍光灯による電力使用量を推定する。たとえば40W／本×100本×10時間／日×25日／月＝1,000kWh／月、といった計算である。

⑤　電力使用量の集計もれがある

　オフィスの場合、電力使用量には季節変動がある。たいていの場合、エアコンを稼働させない5月ごろと11月ごろが底、真夏の8月ごろと真冬の2月ごろがピークとなる「ふたこぶラクダ」型のカーブを描く。

　北にいけば寒冷の度合いが増すので夏のピークが低く冬のピークが高くなり、南にいけば暑熱の度合いが増すので夏のピークが高く冬のピークが低くなる（【図表2－2－9】）。

【図表2－2－9】電力使用量の季節変動のイメージ

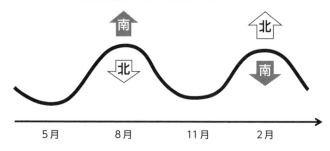

ところが、本州中部のとある事業所の審査で、その事業所の電力使用の季節変動のグラフを見せてもらうと、夏が底で冬がピークの「おわん」型という見慣れないカーブを描いていた。

　責任者の説明によれば、「節電に力を入れていて、夏でも冷房を控えているから電力を抑えられている」由。それにしても、エアコンを使わない5月や11月が底ではないというのはおかしい。関東以西で、夏が底で冬がピークというグラフは見たことがない。季節変動のカーブが妙に滑らかなことも気になる。電気使用量の絶対値を確認すると、事業所の規模（床面積・勤務人数）からみて、どうも少なすぎる。

　いろいろな観点から腑に落ちなかったのだが、最終的には、実は、そのグラフは事務所「外」の照明だけの電力使用量を表していたことが判明した。なるほど、電力使用量は日照時間に反比例していた（日照時間の長い夏は点灯時間が短く、日照時間の短い冬は点灯時間が長い）と考えれば納得できる。

　説明がついたのはよいが、その事業所の環境マネジメントの評価は、過去にさかのぼってデータを取り直してやり直し、ということになってしまった。

　初期段階での電力契約と必要データの確認もれが原因であるが、「ふたこぶラクダ」のパターンを知っていれば、集計結果に疑問を持ち、検証して見抜くことができたはずである。

(3)　他者から供給された熱・蒸気

　地域熱供給(地域冷暖房)：冷水や温水等を一箇所でまとめて製造し、導管を通じて街（建物）に供給するシステム(注1)等により、熱・蒸気の供給を受けている場合（【図表2－2－10】）も、スコープ2排出量の算定対象となる。

　筆者としては、これに該当する企業の審査・コンサルティングを担当した経験はないので詳述できないが、活動量は熱供給事業者から供給さ

れた熱量となり、これにCO_2排出係数を「掛け算」してCO_2排出量を算定する。

【図表2－2－10】熱供給事業のイメージ

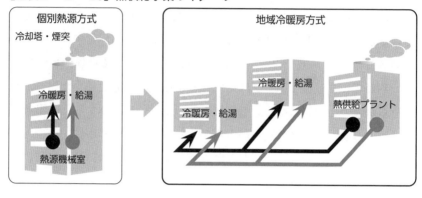

◆基本的な算定方法

・他社から供給された産業用蒸気の使用に伴うCO_2排出量の算定

計算例）年間の熱供給量が100,000GJの場合

100,000GJ × 0.0654t-CO_2/GJ ＝ 6,540 t-CO_2

【計算式】

＊産業用蒸気以外の蒸気・温水・冷熱のCO_2排出係数は、令和6年報告より、事業者ごとの数値が公表されることになった（本書執筆時点では未公表）

3 スコープ１・２排出量の算定ツール

　スコープ１・２排出量の算定は、例えば１事業所で電力契約が１本しかなく、車両は保有・リースしていないような単純なケースであれば、活動量として12ヵ月分の電力使用量を「足し算」して、CO_2排出係数は電力会社に確認して特定して「掛け算」するだけなので、電卓でもできなくはない。

　しかし、電力契約が電灯と低圧の２本あったり、事業所が複数あったり、車両がそれなりの台数あったり、ということになると、さすがに電卓では作業が大変になるし、正確性も確保しづらくなってくる。

　そこで、エクセルなどの表計算ソフトで自社用のCO_2排出量計算シートを作成するか、一般に公表され使用されているツールがあれば、それを使用した方が、作業が効率化され、正確性も担保しやすく、担当者が変わった場合でも過去データが残されており引継ぎしやすい。

(1) エコアクション21「環境への負荷の自己チェック表」

　エコアクション21については、ここまで時折言及してきたが、ここで改めてどのような制度か確認しておこう。

　エコアクション21とは、環境省が作成した「エコアクション21ガイドライン2017年版」に基づいて運用されている、中小企業向けの環境経営マネジメントシステムの認証・登録制度である。

　2004年度から開始され、2025年１月末時点で7,551事業者が認証・登録されている。

【図表2－2－11】エコアクション21認証・登録事業者数の推移（2025年1月末）

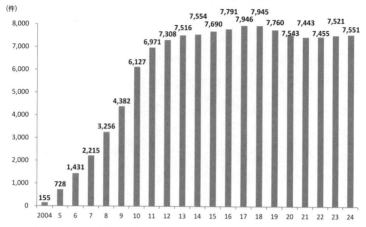

出典：エコアクション21中央事務局HP「エコアクション21認証・登録制度の実施状況（2025年1月末現在）」
https://www.ea21.jp/files/ninsho_search/ninsho.pdf

　筆者は2005年度からエコアクション21審査員として認証・登録されており、審査・コンサルティングを行っている。

　認証・登録にあたってはガイドラインの要求事項に基づいた取組みが適切に行われていることが必要だが、その中の1つに、「環境への負荷と環境への取組状況の把握及び評価」がある。

　ここで使われるのが、ガイドライン「別表　環境への負荷の自己チェック表」（エクセル）である（【図表2－2－12】）。エコアクション21中央事務局ウェブサイト（https://www.ea21.jp/ea21/guideline/）からダウンロードできる。

　チェック表においてCO_2排出量算定に使用するのは、次の3シートのみである。

　・「自己チェック表の構成・入力の手順等」のシート：事業年度の設定
　・「3．エネルギー使用量」のシート：データ入力用
　・「2．環境への負荷の状況（取りまとめ表）」：集計用（3．エネルギー使用量のシートに入力した内容が反映される）

【図表2－2－12】 エコアクション21「別表 環境への負荷の自己チェック表」の構成

自己チェック表の構成・入力の手順等

1. 事業規模（事業の規模）
2. 環境への負荷の状況（取りまとめ表）：<u>二酸化炭素排出量</u>、廃棄物排出量、水使用量、化学物質使用量等を一表に取りまとめる表
3. エネルギー使用量
4. 一般廃棄物排出量等
5. 産業廃棄物排出量等
6. 水使用量及び総排水量
7. 化学物質使用量
8. 資源使用量
9. 総製品生産量または販売量

（吹き出し：CO_2排出量算定に使用）

※上記のうち、「2．環境への負荷の状況（取りまとめ表）」と「3．エネルギー使用量」のシートのひな型を、本節の末尾に参考資料として掲載した。

　シートごとに入力上の注意事項が記載されているので、それを参照して作業を進めればよいが、多くの場合、前処理として証憑に記載された数値を転記・入力・集計する作業が必要である。

　電力であれば、1契約につき毎月1枚の請求書や検針票であることが普通なので、証憑の数値を直接算定ツールに入力すればよいが、転記ミスがないように注意したい。

　ガソリンや軽油の場合は、複数（場合によっては多数）の証憑に記載された数値を入力して1ヵ月の数値を合計し、さらにそれを算定ツールに転記する作業が発生することが多くなるだろう。

　審査で時々、前後の月や前年同月と比較して、明らかに異常に大きい（または小さい）数値を見つけることがある。

　ある時期から急に数字が増えて、その水準が長く続いている場合、新しい設備が入って稼働し始めた、工事をしていた、車両が増えた、などの特殊事情があり、それに見合った数値であると確認できれば、一安心である。しかし、確率は低いものの、漏水や漏電が起きている可能性もあるので、異常値だからといって計算や入力のミスと決めつけない方が

よい。

　ただ、いろいろと確認作業を進めてみると、やはり、足し算や転記の際のミスであると判明する確率の方が高い。

　一桁違う場合は、入力時にキーボードを誤って2つ押して、余計な数字を誤入力してしまった可能性が考えられる。

　三桁違う場合は、kgとt、ℓとkℓのように単位を取り違えて、数字を1,000倍または1/1,000倍のまま入力してしまった可能性が考えられる。

　証憑を見ながら電卓で足し算した計算結果を手入力している場合、こうしたミスを後から見抜くのはなかなか難しいし、「おやっ？」と思っても、再計算するには同じ作業を繰り返す必要があるため、ついそのままにしてしまいがちである。

　証憑に記載されている数値（生データ）は、まずそのまま転記・入力し、その後に計算式で合算する作業手順とし、それを作業するシートに書き込んでおくとミスが発生しにくいし、万が一ミスが発生しても、いつの・どの数字を間違えたかの確認と修正がしやすい。担当者が交代する際の引継ぎもしやすくなる。

(2)　日本商工会議所「CO_2チェックシート」

　この算定ツールは、日本商工会議所のウェブサイトから無料でダウンロードすることができる（2024年度用の入力シートのひな型を、本章の末尾に参考資料として掲載した）。

　エコアクション21の「別表　環境への負荷の自己チェック表」が環境負荷の種類ごとのシートに分かれており、単年度のデータ入力・集計用になっているのに対し、日本商工会議所「CO_2チェックシート」は複数年度（本書執筆時点では2011～2024年度）にわたるデータの入力・集計ができ、月次のグラフ表示や年度比較のグラフ表示も簡単にできるようになっている。

　エネルギー使用量は、電力・灯油・A重油・都市ガス・液化天然ガス

(LNG)・液化石油ガス（LPG）・ガソリン・軽油の8種類を入力することができる。

電力の排出係数は、地域10電力については年度ごとに設定済みであり、それ以外の場合は環境省の排出係数一覧表を参照して手入力することができる（$t\text{-}CO_2/kWh$を1,000倍して$kg\text{-}CO_2/kWh$に直す必要があることを忘れずに）。

灯油以下の液体燃料については、それぞれの排出係数が設定済みである。

入力データが正しく準備できていれば、CO_2排出量は自動的に算定できる。入力データの前処理作業についての注意事項等は、このツールを使う場合でも同じである。

(3) 民間事業者の提供する算定ツール

上記以外に、民間事業者の提供する算定ツールが次々と開発され、提供されるようになってきている。

経済産業省の「中小企業支援機関によるカーボンニュートラル・アクションプラン」(注2)には、2024年2月20日時点で8社の算定ツールが掲載されている。

それぞれの特徴・仕様・機能・価格等については各自で情報収集されたい。

(注1) 一般社団法人日本熱供給事業協会 HP「地域熱供給(地域冷暖房)事業について」より
https://www.jdhc.or.jp/what/
(注2) 経済産業省 HP「中小企業支援機関によるカーボンニュートラル・アクションプラン」
https://www.meti.go.jp/policy/energy_environment/global_warming/SME/index.html

<参考資料>
【図表２－２－13】エコアクション21「別表　環境への負荷の自己チェック表」「３．エネルギー使用量」のシート

3. エネルギー使用量
○ 電力使用量、各種エネルギー使用量等を入力してください。
○「月平均」は自動で計算されますが、1年（12ヶ月）のデータ入力を前提に計算式を設定していますので、環境負荷を把握する期間が1年未満の場合は、必要に応じて計算式を変更してください。

(1) 電力
 ・電力は「電力1」～「電力5」の欄を、自家発電は「電力4」、「電力5」の表を使用して、それぞれ入力してください。
<購入電力>
 ・「購入先」の欄には電気事業者名を入力してください。
 ・「排出係数」の欄には出版電気事業者の調整後排出係数を入力してください。排出係数は「温室効果ガス排出量算定・報告・公表制度」の電気事業者別排出係数開連ページ：https://ghg-santeikohyo.env.go.jp/calc/denki/より入手できます。
 こちらから入手できない排出係数の単位は「t-CO2/kWh」ですが、本表では単位を「kg-CO2/kWh」としているため、1,000を乗じて入力してください。
<自家発電>
 ・「設備名」の欄には発電機、太陽光発電等の設備名を入力してください。
 ・自家発電で化石燃料を使用した場合、電力としては記録せず、蓄積後の使用量等を「(2) 化石燃料」の表で記録してください。

①電力1
購入先：
排出係数：　　　kg-CO2/kWh　　平均単価：　　　円/kWh

項目	単位												合計	月平均
使用量	kWh													
料金	円													
CO2排出量	kg-CO2													

②電力2
購入先：
排出係数：　　　kg-CO2/kWh　　平均単価：　　　円/kWh

項目	単位												合計	月平均
使用量	kWh													
料金	円													
CO2排出量	kg-CO2													

③電力3
購入先：
排出係数：　　　kg-CO2/kWh　　平均単価：　　　円/kWh

項目	単位												合計	月平均
使用量	kWh													
料金	円													
CO2排出量	kg-CO2													

④電力4
設備名：

項目	単位												合計	月平均
使用量	kWh													

⑤電力5
設備名：

項目	単位												合計	月平均
使用量	kWh													

(2) 化石燃料

- ①〜⑤に該当しない項目で大量に使用しているエネルギーがある場合には、自由欄の表に入力してください。
- 排出係数は「地球温暖化対策の推進に関する法律」の単位発熱量と炭素排出係数を用い、算出しています（「単位発熱量」×「炭素排出係数」×44/12）。【参考】二酸化炭素の分子量は44、炭素の原子量は12。

①ガソリン

排出係数：: [2.32] kg-CO2/L

項目	単位												合計	月平均
使用量	L													
料金	円													
CO2排出量	kg-CO2													

②軽油

排出係数：: [2.58] kg-CO2/L

項目	単位												合計	月平均
使用量	L													
料金	円													
CO2排出量	kg-CO2													

③灯油

排出係数：: [2.49] kg-CO2/L

項目	単位												合計	月平均
使用量	L													
料金	円													
CO2排出量	kg-CO2													

④A重油

排出係数：: [2.71] kg-CO2/L

項目	単位												合計	月平均
使用量	L													
料金	円													
CO2排出量	kg-CO2													

⑤都市ガス

排出係数：: [2.16] kg-CO2/m3

項目	単位												合計	月平均
使用量	m3													
料金	円													
CO2排出量	kg-CO2													

※都市ガスの排出係数「2.16」は地球温暖化対策推進法施行令に示された標準状態での単位発熱量と年に示される都市ガス供給事業者の単位発熱量を多くの地方公共団体が採択して考えられる業者の一般的と考えられる業者の体積当たりに換算した値（温度15℃、1.02気圧）の体積当たりに換算した値。

第2章 排出量算定に関する理解〈測る〉

117

⑥液化石油ガス（LPG）
排出係数： 3.00 kg-CO2/kg

項目	単位												合計	月平均
使用量	kg													
料金	円													
CO2排出量	kg-CO2													

※液化石油ガス（LPG）の使用量を気体（m3）で把握している場合については「1m3=2.07kg」として換算してください。

⑦液化天然ガス（LNG）
排出係数： 2.70 kg-CO2/kg

項目	単位												合計	月平均
使用量	kg													
料金	円													
CO2排出量	kg-CO2													

⑧その他1-名称　　　　　　　　排出係数：

項目	単位												合計	月平均
使用量														
料金	円													
CO2排出量	kg-CO2													

⑨その他2-名称　　　　　　　　排出係数：

項目	単位												合計	月平均
使用量														
料金	円													
CO2排出量	kg-CO2													

⑩その他3-名称　　　　　　　　排出係数：

項目	単位												合計	月平均
使用量														
料金	円													
CO2排出量	kg-CO2													

⑪その他4-名称　　　　　　　　排出係数：

項目	単位												合計	月平均
使用量														
料金	円													
CO2排出量	kg-CO2													

出典：環境省「エコアクション 21 ガイドライン 2017 年度版　別表 環境への負荷の自己チェック表」
https://www.env.go.jp/policy/j-hiroba/04-5.html

＜参考資料＞
【図表２－２－14】エコアクション21「別表　環境への負荷の自己チェック表」「２．環境への負荷の状況（取りまとめ表）」

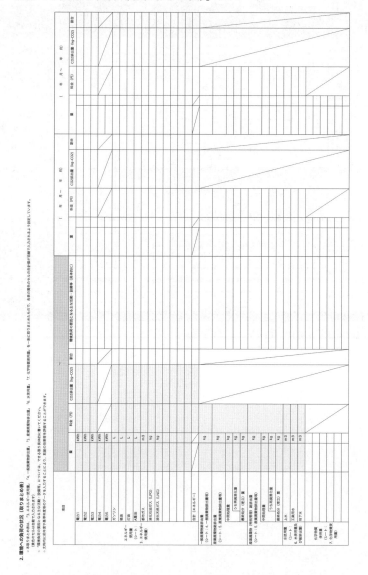

出典：環境省「エコアクション21 ガイドライン 2017 年度版　別表 環境への負荷の自己チェック表」
https://www.env.go.jp/policy/j-hiroba/04-5.html

【図表2－2－15】日本商工会議所「CO_2チェックシート」の入力画面

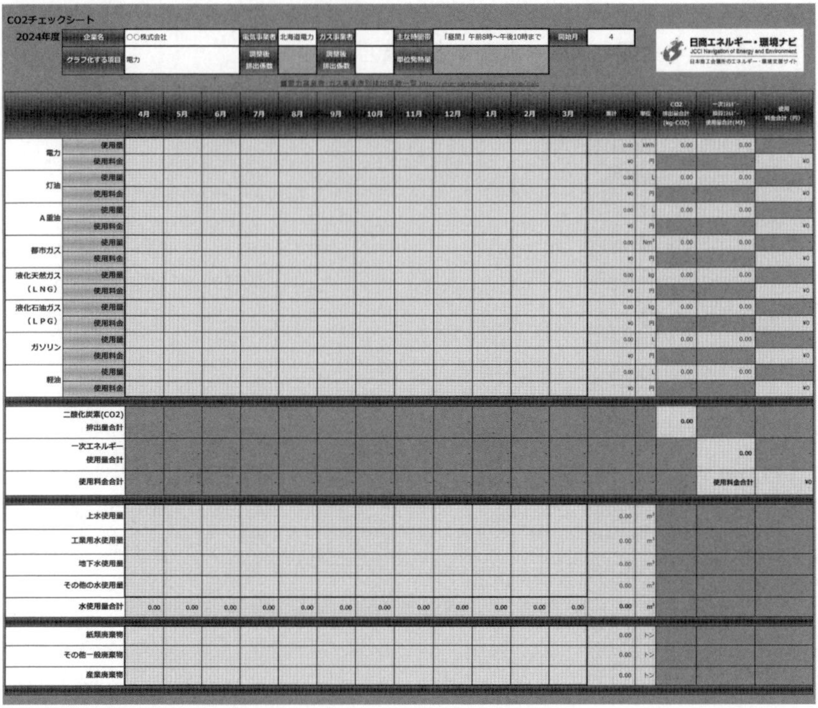

出典：日本商工会議所 HP「CO_2チェックシート」
https://eco.jcci.or.jp/checksheet

3 スコープ3排出量算定の概要

1 スコープ3排出量算定の流れ

(1) スコープ3排出量算定が必要とされる背景

スコープ3を含むサプライチェーン排出量の算定と開示は、上場企業にとっては必要不可欠の取組みになってきている。

上場企業のグループ会社・子会社、上場企業の一次・二次サプライヤーなどのポジションにある中小企業には、上場企業自身のサプライチェーンマネジメントの観点から、スコープ1・2排出量に加えて、スコープ3排出量についても算定と開示を求められるケースが少しずつ増えてきている。

多くの中小企業にとって、スコープ3を含むサプライチェーン排出量の算定はまだ「今すぐの課題」ではないかもしれないが、取引先等から求められた場合、どのように対応すればよいか概略だけでもわかっておいた方がよいだろう。

また、外部からの要請の有無にかかわらず、脱炭素を切り口に自社の競争優位性を高めるという観点からサプライチェーン排出量の削減に取り組むことを検討する企業においては、初期段階で、おおまかにでもスコープ3排出量の現状を把握することが必要である。

(2) サプライチェーン排出量算定のステップ

サプライチェーン排出量算定には、次の2種類がある。
・原単位を利用する方法（原単位法）：活動量を自社で収集し、排出原

単位を「掛け算」する方法
・一次データを利用する方法（一次データ法）：取引先から排出量の提供を受ける方法

　原単位法は、活動量に関する自社データと、環境省が提供・公表している「サプライチェーンを通じた組織の温室効果ガス排出等の算定のための排出原単位データベース」(注1) を利用して算定できる。
　スコープ1・2排出量の算定と同様、「足し算」した活動量に、原単位を「掛け算」するのだが、収集整理する活動量の範囲・データの種類が多くなる。
　原単位法は、取組みの初期段階で、自社のスコープ3排出量がどの程度か、どのカテゴリーの削減に取り組む必要があるか、スコープ1・2排出量と比べて大きいのか小さいのか等を把握するのに適している。
　ただし、一律一定の排出原単位を使うので、スコープ3排出量を削減する取組みが進展したとしても、その努力と成果を計算結果に反映することができない。原単位法による限り、スコープ3排出量の計算結果を小さくするには活動量の数値を小さくするしかない。
　そこで、ある程度取組みが進んだ段階では、一次データ法に切り替えられるか検討・検証してみる必要が生じてくる（【図表2－3－1】）。
　その際、取引先にどこまで協力してもらえるかが重要である。自社でスコープ3排出量の算定に取り組んだ経験があれば、それに基づいて算定方法についてのレクチャーを行ったり、算定ガイドを策定して提供するなど、取引先に過度・過大な作業負荷をかけないような配慮もしやすくなる。

【図表2-3-1】サプライチェーン排出量算定の取組みのステップ

```
＜初期＞目的に適ったサプライチェーン排出量の算定範囲のカバー

目的に合わせて、継続的に把握できる算定範囲を設定し、サプライチェーン
排出量を簡易的でも把握できる体制を整備
※統計値、仕様、カタログ値からの推定、金額からの換算等入手できる多様
　なデータを活用
```

```
＜中長期＞活動実態に即したより精度の高い算定の実現

経年変化により削減努力の評価が可能となるような、活動実態に即した 算定
方法を採用
※排出量の大きさ、削減ポテンシャル等に応じて適切な算定方法を選択、組
　み合わせ
```

```
＜中長期＞継続的な改善効果の把握

サプライチェーン排出量の削減取組みを継続的に実施し、経年変化により
排出量の削減効果を把握
```

削減取組みの継続的実施

出典：環境省・経済産業省「サプライチェーンを通じた温室効果ガス排出量算定に関する基本ガイドライン (ver.2.5)」(2023年3月) Ⅰ-18頁
https://www.env.go.jp/earth/ondanka/supply_chain/gvc/files/tools/GuideLine_ver.2.5.pdf

2　スコープ3排出量算定の例題

　ここでは、印刷業を例題として、スコープ3排出量を「原単位法」で算出する手順について考えてみる。

　印刷業を例題とする理由は、筆者のこれまでの経歴において印刷業界・関連業界・個別企業とのかかわりが長いこともあるが、どの地域でも地場産業として立地しているという点、製造業でもありサービス業で

もあり他業種への転用もイメージしやすいと思われるからである。

(1) カテゴリ1：購入した製品の製造やサービスによる排出

　印刷業の場合、主に使用する資材は印刷用紙・印刷インキ・製本のりなど印刷物（製品）の一部となる原材料や、生産工程で使用する洗浄剤・溶剤などの化学製品である。これらが「購入した製品」に該当する。

　また、製本や表面加工などを協力会社に外注することもあるが、それらは「購入したサービス」に該当する。

　本書執筆時点で、最新の排出原単位データベース（環境省）を用いて算定の手順を考えてみる。

　「産業連関表ベースの排出原単位」のシートには約400品目の製品・サ

【図表2-3-2】排出原単位データベース（抜粋）

産業連関表ベースの排出原単位 (GLIO：2005年表)

No.	列コード	部門名	①物量ベースの排出原単位 GHG排出原単位 (I-A)-1 t-CO_2eq/○○		②金額ベースの排出原単位 生産者価格ベース GHG排出原単位 (I-A)-1 t-CO_2eq/百万円	購入者価格ベース（内生部門計：輸送除く） GHG排出原単位 (I-A)-1 t-CO_2eq/百万円	（参考）単価（品目別生産額表2005より）百万円/○○	
95	181201	洋紙・和紙	1.83	t	15.45	11.12	0.1140	t
103	191101	印刷・製版・製本	–		3.26	3.04	–	
130	207202	印刷インキ	3.52	t	5.64	4.88	0.5988	t
133	207901	ゼラチン・接着剤	0.00223	kg	6.15	5.14	0.00034	kg
134	207909	その他の化学最終製品	5.77	t	7.41	6.36	0.7533	t
312	712201	道路貨物輸送（除自家輸送）	–		3.93	3.93	–	

※生産者価格ベース：生産者が出荷する段階での販売価格。算定事業者が生産者から直接購入する場合に使用する。
※購入者価格ベース：消費者が購入する段階での流通コストを含んだ価格。算定事業者が商社／小売等を介して購入する場合に使用する。
出典：「サプライチェーンを通じた組織の温室効果ガス排出等の算定のための排出原単位について(Ver.3.3)」(2023年3月)をもとに作成
https://www.env.go.jp/earth/ondanka/supply_chain/gvc/files/tools/unit_outline_V3-3.pdf

ービス等が記載されており、①物量ベースの排出原単位、②金額ベースの排出原単位が掲載されている（品目により一方だけしか掲載されていないものもある）。

そこから、印刷業で主に関係しそうな品目を抜粋したのが【図表2－3－2】である。

印刷用紙には多種多様な銘柄があり、価格も品質も様々であるが、排出原単位データベースではひっくるめて「No.95洋紙・和紙」という1つの品目に該当することになる。

印刷用紙の購入量を重量で把握できているならば、「印刷用紙の購入量×物量ベースの原単位」で、自社が購入した印刷用紙がどれだけのCO_2排出量を「背負って」いるかが計算できる。

仮に印刷用紙を年間100ｔ購入・使用しているのならば、100ｔ×1.83t-CO_2/t＝183t-CO_2となる（実際には使い残した在庫紙があったり、発注元からの支給紙があったりするが、ここでは簡略化のため購入量＝使用量と仮定する）。

印刷用紙の購入量を重量で把握できていない場合は、経理データから印刷用紙の購入金額を抽出・合計し、「印刷用紙の購入金額×金額ベースの原単位」で計算する。

金額ベースの原単位は2005年産業連関表から作成されており消費税を含む（当時の税率は5％）が、ここでは誤差として、経理データは税抜でも税込でもかまわないこととする。

通常、印刷会社が製紙会社から印刷用紙を直接購入することはなく、紙専門の代理店・卸商等から購入するので、「商社／小売等を介して購入する場合」に該当するため、購入者価格ベースの原単位を使用する。

仮に印刷用紙を年間10百万円購入しているのならば、10百万円×11.12t-CO_2/百万円＝111.2t-CO_2となる。

重量ベースでも金額ベースでも計算できるならば、両方の計算結果を見比べてみることもできる。

【図表2－3－3】産業連関表ベースの排出原単位データベースの使用にあたって

　重量ベースの原単位と金額ベースの原単位がそろっている品目の場合、重量単価を算出することができる。「No.95 洋紙・和紙」を例題に計算してみよう。

　「No.95 洋紙・和紙」の重量ベースの原単位は 1.83 t-CO_2/t なので、CO_2 を 1 t 排出するときの印刷用紙の重量を算出すると、1 ÷ 1.83 = 0.546 t/t-CO_2 となる。

　同様に、購入者価格ベースの原単位は 11.12 t-CO_2/百万円なので、CO_2 を 1 t 排出するときの印刷用紙の購入金額を算出すると、1 ÷ 11.12 = 89.9 千円/t-CO_2 となる。

　すると、印刷用紙の重量 0.546 t と購入金額 89.9 千円は、CO_2 を 1 t 排出するという観点で等価ということになるので、印刷用紙の重量単価は 89.9 千円 ÷ 0.546 t = 164.7 千円/t = 164.76 円/kg となる。当時の市況(注2)からみると、かなり割高なようである。

　そこで生産者価格ベースの 15.45 t-CO_2/百万円を用いて、CO_2 を 1 t 排出するときの印刷用紙の購入金額を算出しなおすと、1 ÷ 15.45 = 64.7 千円/t-CO_2 となる。印刷用紙の重量単価は 64.7 千円 ÷ 0.546 t = 118.5 千円/t = 118.5 円/kg となる。

　こちらの方が当時の市況には近く、原単位作成の元データである 2005 年産業連関表「部門別品目別国内生産額表」(注3)における細品目の単価データ（洋紙 31 品目（1812011101 ～ 1812011604）の生産数量・生産額から筆者が算出した重量単価加重平均値 114 円）にも整合すると思われる。

　2020 年代に入ってからの物価高騰・値上げにより、排出原単位データベースが用いている 2005 年価格との乖離が大きくなっており、印刷用紙の場合は、いわゆる「倍半分」というくらいになっている。

　金額ベースの原単位を用いる場合には、この乖離が反映されていないため、これに現在価格の活動量（つまり購入金額）を「掛け算」した計算結果は、過大になっている可能性があることを考慮する必要があるだろう。

　物量ベースの原単位についても、それが算出された時期によっては現状との乖離が大きい場合もあると考えられるが、それはデータベースの原単位そのものが更新されるか、より新しい「一次データ」が入手できない限

り検証できない。しかし、現在の紙1tが2005年の紙1tと重さが異なるということはないので、重量ベースの原単位がある場合は、そちらを使用する方がベターであろう。

印刷用紙以外の主要な資材についても、印刷用紙の場合と同様に排出原単位データベースの品目と対応させて、物量ベースまたは金額ベースで計算することができる。

・印刷インキ➡データベース：No.130印刷インキ
・製本のり➡データベース：No.133ゼラチン・接着剤
・洗浄剤・溶剤➡データベース：No.134その他の化学最終製品

また、製本や表面加工を外注している場合は、排出原単位データベースでは「No.103印刷・製版・製本」という品目に該当する。

これは役務（サービス）の利用なので重量ベースの原単位はなく、金額ベース（生産者価格ベース）の原単位で算出する。

仮に製本や表面加工を年間10百万円外注しているのであれば、10百万円×3.26t-CO_2/百万円＝32.6t-CO_2となる。

上記の計算例でわかるように、スコープ3排出量の計算も、結局は活動量の「足し算」と排出原単位の「掛け算」である。

難しいのは、排出原単位データベースの品目と、自社の購入している原材料やサービスの仕訳を合わせるマッチング作業である。もう1点、購入している原材料や資材を重量換算したり、経理データからこの目的のために条件を設定して必要なデータを抽出・集計する作業が追加的に必要になる点である。

ただ、一度この作業を行い、その経験を踏まえて手順化してしまえば、二度目からはだいぶ楽になるはずである。

なお、自社のスコープ1・2排出量が算定できれば、それを自社の売

上高で「割り算」することで、自社のCO_2排出原単位（生産者価格ベース）を割り出すこともできる。

「No.103印刷・製版・製本」の生産者価格ベースのCO_2排出原単位は3.26t-CO_2/百万円であるから、印刷業の場合、これをベンチマークとして、自社のCO_2排出原単位がそれ以上であるか、同等であるか、以下であるか、評価することもできる。

(2) カテゴリ4：調達輸送・出荷輸送による排出

仕上がった印刷物を発注元（または発注元指定の納品先）に納品する際に、自社車両を使用するならば、ガソリンまたは軽油の消費に伴うCO_2排出量はスコープ1排出量に該当する。

しかし、荷主として運送業者に輸送を委託するならば、スコープ3のカテゴリ4：出荷輸送の排出量に該当する。

計算方法は、「燃料法」、「燃費法」、「トンキロ法」の3通りが考えられる。

「燃料法」の場合、当社の印刷物の納品のために使ったガソリン（または軽油）の消費量を運送業者から教えてもらい、それにガソリン（または軽油）のCO_2排出係数を「掛け算」する。

スコープ1で輸送に係るCO_2排出量を計算する場合（詳細は後述）と同じである。しかし、1社専属でもないかぎり、実際に運送業者からこのようなデータを提供してもらうことは不可能といってよいだろう。

「燃費法」の場合、例外的に「割り算」が登場する。車両の最大積載量ごとに設定された平均的な燃費（km/ℓ）を排出原単位データベースから拾ってきて、輸送距離を割る（km÷（km/ℓ）＝ℓ）ことで、ガソリン（または軽油）の消費量を算出し、それにガソリン（または軽油）のCO_2排出係数を「掛け算」する。

輸送距離は直線距離で代替したり、グーグルマップ等のルート距離測定機能を使って大体の数値を得ることはできるかもしれないが、納品先

ごとに行うとなると作業量が膨大である。また、運送業者が使用している車両の積載量や燃料種別までわからなければ計算できない。

「トンキロ法」の場合にはまず、輸送トンキロという見慣れない物流量の単位の数字を得る必要がある。計算式は、輸送トンキロ＝貨物重量（t）× 輸送距離（km）である。1tを10km運んでも（1t×10km）、10tを1km運んでも（10t×1km）、計算結果である輸送トンキロは同じ10t·kmとなる。

何とかしてこの数字が出てきたら、排出原単位データベースからトンキロ当たりの燃料消費原単位を拾ってきて「掛け算」すればよいわけだが、燃料別・営業用／自家用別・積載率別に細かく設定されているので、どれを選ぶのが適切か決めること自体が難しいだろう。

どの方法を用いるにしても、相当な作業量を覚悟する必要がありそうだが、そもそも、それほど労力をかけるだけの排出量のボリュームがあるのかどうか、入口で当たりをつけたいところである。

例えば、「燃費法」で輸送距離と燃費について一定の仮定をおいて数値化すれば、おおざっぱな算出は可能である。

納品先の立地は様々であるが、印刷通販を主力としているのでなければ、主要顧客はおおむね自社工場から半径10km以内等、一定の距離内に固まっていることが多いだろう。1納品当たりの走行距離をざっくり想定すれば、輸送距離（km）の数字が得られる。仮に10kmとしてみよう。

小ロットの仕事中心で、小回りの利く軽貨物事業者に納品を委託しているとすれば、排出原単位データベースから営業用軽貨物（ガソリン車）の平均燃費9.33ℓ/kmを適用できる（【図表2-3-4】の軽貨物車・営業用の数値）。

【図表２−３−４】燃料別最大積載量別燃費

輸送の区分			燃費 (km)	
	燃料	最大積載量 (kg)	営業用	自家用
自動車	ガソリン	軽貨物車	9.33	10.3
		〜 1,999	6.57	7.15
		2,000kg 以上	4.96	5.25
	軽油	〜 999	9.32	11.9
		1,000 〜 1,999	6.19	7.34
		2,000 〜 3,999	4.58	4.94
		4,000 〜 5,999	3.79	3.96
		6,000 〜 7,999	3.38	3.53
		8,000 〜 9,999	3.09	3.23
		10,000 〜 11,999	2.89	3.02
		12,000 〜 16,999	2.62	2.74

出典:「サプライチェーンを通じた組織の温室効果ガス排出量等の算定のための排出原単位データベース Ver.3.3」(2023 年 3 月) をもとに作成

　これで年間300回の納品を行っているとすれば、10km/回÷9.33ℓ/km×300回/年≒年間321.5ℓ、という年間のガソリン消費量が算出される。

　最後に、ガソリンのCO_2排出係数は2.29kg-CO_2/ℓなので、これを「掛け算」して、321.5ℓ×2.29kg-CO_2/ℓ≒年間736.2kg-CO_2が、上記仮定のもとでの出荷物流に伴うCO_2排出量となる。

　これが、印刷工場を含む印刷会社全体のCO_2排出量と比べてどのくらいの比率になるのかが問題だが、年間1t-CO_2未満であれば、ほぼ無視してよい量であろう。そうであれば、カテゴリ４の出荷物流の排出量算定はこのくらいに留めておいて、よりボリュームの大きいところに注力した方が合理的、という判断がつけられる。

　さらに、もっと簡便に計算しようとするならば、排出原単位データベース（前掲表）から、「No. 312道路貨物輸送（除自家輸送）」の金額ベースの原単位：3.93t-CO_2/百万円を用いる方法もある。

　この場合、納品のために運送業者に支払った運送料金を経理データか

ら抽出・合算して、原単位を「掛け算」すればよい。仮にその合計額が1百万円であれば、1百万円 × 3.93t-CO_2/百万円 = 3.93t-CO_2 となる。

ただ、すべての納品を自社配送や委託で行っているわけではなく、近場であっても宅配便を使っている、というケースもあるだろう。

では、宅配便を使って納品した場合はどう計算したらよいのであろうか？「燃料法」、「燃費法」、「トンキロ法」いずれにも該当しないし、「金額ベース排出原単位」もなじまない。

そこで公表データを探してみたところ、大手2社の宅配便については1個当たり200-230g-CO_2/個ほどという数値が見つかった。

【図表2－3－5】宅配便1個当たりのCO_2排出量（公表データ）

佐川急便	日本郵便
230.9g-CO_2/個＊（2023年度）	207g-CO_2/個＊＊（2021年度）

＊CO_2排出量宅配個数原単位：CO_2総排出量（Scope1・Scope2の合計、単位：g）／宅配便個数（単位：個）＋メール便冊数（10冊を宅配便1個と換算）
出典：佐川急便HP「ESGデータ集　E：環境に関するデータ」温室効果ガス（GHG）排出量
https://www.sagawa-exp.co.jp/sustainability/data.html
＊＊温室効果ガス排出量　荷物個数原単位：日本郵便株式会社および日本郵便輸送株式会社の荷物配送に係る温室効果ガス排出量（g）（Scope1＋Scope2）÷荷物個数（個）（ゆうパック＋ゆうメール（ゆうメールは10通でゆうパック1個として算出））
出典：日本郵便HP「環境」日本郵便株式会社のエネルギー消費量および温室効果ガス排出量
https://www.post.japanpost.jp/about/csr/nature.html

自社の発送個数にこの数値を掛け算すれば、宅配便を使って納品した場合のCO_2排出量が計算できるが、これはサプライヤーの公表データを用いた「一次データ法」ということになる。

なお、ヤマト運輸については、2024年1月30日に、カーボンニュートラリティ宣言を発表し、宅配便3商品（「宅急便」「宅急便コンパクト」「EAZY」）について、カーボンオフセットを行っている(注4)。

(3) さらにスキルアップしたい場合

　本書ではスコープ3排出量算定は主たるテーマではないので、上記2例にとどめておくが、考え方や計算の筋道、必要になる作業のイメージは理解いただけたのではないだろうか。

　スコープ3排出量の他のカテゴリの算定にも興味がある方は、環境省「サプライチェーン排出量算定に関する実務担当者向け勉強会　Scope3算定の考え方」（2022年3月）(注5)を参照されたい。カテゴリごとの演習問題と解答も掲載されている。

（注1）環境省グリーン・バリューチェーンプラットフォームHP「排出量算定について」よりダウンロード可能。
　　　https://www.env.go.jp/earth/ondanka/supply_chain/gvc/estimate.html
（注2）KPPグループホールディングス株式会社HP 洋紙数値表
　　　https://www.kpp-gr.com/ja/market/youshi/main/00/teaserItems1/01/linkList/0/link/h_youshi20231013.pdf
（注3）統計で見る日本 e-Stat「平成17年（2005年）産業連関表（確報）」
　　　https://www.e-stat.go.jp/stat-search/database?page=1&toukei=00200603&tstat=000001026283
（注4）https://www.yamato-hd.co.jp/news/2023/newsrelease_20240130_1.html
（注5）https://www.env.go.jp/earth/ondanka/supply_chain/gvc/files/tools/study_meeting_2021.pdf

第2章　確認問題

問7　サプライチェーン排出量の考え方

　下記は、サプライチェーン排出量の考え方に関する説明です。説明文の空欄①〜③に入る語句の組合せとして、適切なものは次のうちどれですか。

　「原材料調達・製造・物流・販売・廃棄など、一連の流れ全体から発生する温室効果ガス排出量」のことをサプライチェーン排出量という。

　サプライチェーン排出量は、サプライチェーンの「どこで」CO_2が排出されているかによって、スコープ1・2・3の3種類に分けられている。

　スコープ1排出量とは、「事業者自らによる温室効果ガスの（　①　）排出」のことをいう。

　スコープ2排出量とは、「他者から供給された電気、熱・蒸気の使用に伴う（　②　）排出」のことをいう。

　スコープ3排出量とは、「スコープ1、スコープ2以外の間接排出（事業者の活動に関連する（　③　）の排出）」のことをいう。

---

(1)　①間接　②直接　③自社
(2)　①直接　②間接　③自社
(3)　①間接　②直接　③他社
(4)　①直接　②間接　③他社

解説＆正解

　温室効果ガスは、化石燃料の燃焼、工業プロセスにおける化学反応、あるいは温室効果ガスの使用・漏洩などに伴い、大気中に排出される。サプライチェーン排出量は、自社内における直接的な排出だけでなく、自社事業に伴う間接的な排出も対象とし、事業活動に関係するあらゆる排出を合計した排出量を指す。つまり、原材料調達・製造・物流・販売・廃棄など、一連の流れ全体から発生する温室効果ガス排出量のことをいう。

　スコープ１排出量は、事業者自らによる温室効果ガスの直接排出で、自社による燃料の燃焼、工業プロセスなどがこれにあたる。

　スコープ２排出量は、他社から供給された電気、熱・蒸気の自社における使用に伴う間接排出をいう。

　スコープ３排出量は、スコープ１、スコープ２以外の間接排出（事業者の活動に関連する他社の排出）をいい、自社における上流部分と下流部分に分けられる。

　上流部分として、①原材料の調達など、購入した製品・サービス、②生産設備の増設などの資本財、③スコープ１やスコープ２に含まれない、燃料およびエネルギー活動、④自社が荷主の輸送、配送、⑤事業から出る廃棄物、⑥従業員の出張、⑦従業員の通勤、⑧自社が賃借しているリース資産の稼働がある。

　一方、下流部分として、⑨出荷輸送(自社が荷主の輸送以降)、⑩事業者による中間製品の加工、⑪使用者による製品の使用、⑫使用者による製品の廃棄時の輸送・処理、⑬自社が賃貸事業者として所有し、他者に賃貸しているリース資産の稼働、⑭自社が主宰するフランチャイズの加盟者のスコープ１・スコープ２に該当する活動、⑮株式投資、債券投資、プロジェクトファイナンスなどの運用などがある。

　以上により、(4)が適切である。

正解　(4)

問8　サプライチェーン排出量算定の流れ

サプライチェーン排出量算定の流れにおける留意点に関する記述について、適切でないものは次のうちどれですか。

(1) 算定目的の設定においては、自社の排出量算定体制の構築状況に沿った要件が法令で定められており、これに沿った算定目的を設定する。
(2) 算定対象範囲の確認においては、温室効果ガスの種類、組織的範囲、地理的範囲、活動の種類、時間的範囲に留意する。
(3) サプライチェーン排出量ではグループ単位を自社の範囲として対応する。
(4) 各カテゴリの算定においては、①算定の目的を考慮し、算定方針を決定、②データ収集項目を整理し、データを収集、③各カテゴリの排出量を算定という流れで進めていく。

解説＆正解

　サプライチェーン排出量算定は、継続的な排出量の管理や透明性の高い情報開示の観点から、体系的に算定を進めることが重要であり、①算定目的の設定、②算定対象範囲の確認、③スコープ３活動の各カテゴリへの分類、④各カテゴリの算定、の４つのステップが推奨されている。
　算定目的の設定例としては、(ア) サプライチェーン排出量の全体像把握、(イ) 削減対象の詳細評価、(ウ) 削減対策の経年評価、(エ) ステークホルダーへの情報開示、(オ) 多様な事業者による連携取組の推進などがあるが、どの目的にするのかを法令で定めているわけではない。したがって、(1)は適切でない。
　算定対象範囲の確認においては、温室効果ガスの種類、組織的範囲（自社、上流、下流）、地理的範囲（国内、海外）、活動の種類（サプラ

イチェーンにおいて、温室効果ガスの排出に関するすべての活動）、時間的範囲（排出時期と算定時期など）に留意する。したがって、(2)は適切である。

　サプライチェーン排出量ではグループ単位を自社の範囲として対応する必要があり、グループ内企業との取引がある場合は注意が必要である。スコープ3の各カテゴリへの分類は、サプライチェーン上の各活動が、スコープ1・2か、スコープ3かを意識しながら行っていく必要がある。したがって、(3)は適切である。

　各カテゴリの算定では、算定目的が達成できるレベルを考慮しながら、各カテゴリについて算定方針の決定、データの収集、排出量の算定を実施する。その際、①算定の目的を考慮し、算定方針を決定、②データ収集項目を整理し、データを収集、③各カテゴリの排出量を算定という流れで進めていく。したがって、(4)は適切である。

出典：環境省「サプライチェーン排出量算定の考え方」6～12頁
https://www.env.go.jp/earth/ondanka/supply_chain/gvc/files/tools/supply_chain_201711_all.pdf

正解　(1)

問9　算定範囲

サプライチェーン排出量の算定対象範囲（原則）について、適切でないものは次のうちどれですか。

(1) スコープ3排出量の算定対象とする温室効果ガスの種類は、エネルギー起源および非エネルギー起源のCO_2である。
(2) 組織的範囲における「自社」には、自社およびグループ会社のすべての部門、すべての事業所を含む。
(3) 地理的範囲は、日本国内および海外である。
(4) スコープ3排出量の排出時期は、算定対象とした報告年度とは異なる場合がある。

解説＆正解

サプライチェーン排出量の算定対象範囲（原則）は下表のとおりとなっている。算定対象とする温室効果ガスの種類は、算定・報告・公表制度における温室効果ガスの種類と同じである。

サプライチェーン排出量の算定対象範囲

区分	算定対象に含める範囲(原則)	
温室効果ガス	エネルギー起源 CO_2、非エネルギー起源 CO_2、メタン(CH_4)、一酸化二窒素(N_2O)、ハイドロフルオロカーボン類(HFCs)、パーフルオロカーボン類(PFCs)、六ふっ化硫黄(SF_6)、三ふっ化窒素(NF_3) ※算定・報告・公表制度における温室効果ガスの種類と同じ	
組織的範囲	自社	自社およびグループ会社のすべての部門、すべての事業所(スコープ1・2に含む範囲)
	上流	スコープ3カテゴリ1〜8に該当する事業者
	下流	スコープ3カテゴリ9〜15に該当する事業者
地理的範囲	国内および海外	
活動の種類	サプライチェーンにおいて、温室効果ガスの排出に関するすべての活動	
時間的範囲	1年間の事業活動に係るサプライチェーン排出 ※自社の活動からの排出量については、算定対象とした時期に実際に排出した排出量 ※サプライチェーンの上流や下流の排出量の排出時期は、自社の活動から温室効果ガスが排出される年度とは異なる場合がある	

出典:環境省「サプライチェーン排出量算定の考え方」8頁をもとに作成

以上により、(1)が適切でない。

正解 (1)

問 10　排出量算定式

排出量算定の基本は、「活動量 × CO_2 排出係数」の掛け算である。排出量算定式に関する記述について、適切でないものは次のうちどれですか。

(1) 活動量とは、CO_2 排出の原因となる活動をどのくらい行っているかを数値で表したもので、電力消費量、ガソリン消費量、資材の購入量、貨物の輸送量などをいう。
(2) 活動量は、企業活動の実態を表す数値であり、排出量を算定する企業ごとに異なる。
(3) CO_2 排出係数とは、活動量1単位当たり、どのくらいの CO_2 が排出されるかを、数値で表したものである。
(4) CO_2 排出係数は、燃料の種類ごとに異なり、電力については一律に、国が定めた数値を使用する。

解説＆正解

(1)、(2)、(3)は選択肢のとおりである。

燃料の CO_2 排出係数は軽油・ガソリンといった燃料の種類ごとに国が定めている数値を使用するが、電力の CO_2 排出係数は、電力会社ごとに・年度ごとに・契約メニューごとに、設定・公表された数値を使用する。したがって、(4)は適切でない。

正解　(4)

問11 サプライチェーンの上流・下流

下記の図に示す排出量に関する記述について、適切でないものは次のうちどれですか。

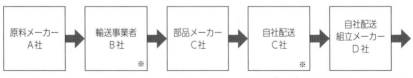

※輸送はディーゼルトラックで行われるものとする。

(1) A社がC社のために原料の製造をする際に排出したCO_2は、C社のスコープ3カテゴリ1「原材料」に含まれる。
(2) B社がC社に原料の輸送をする際に排出したCO_2は、C社のスコープ3カテゴリ4「輸送・配送（上流）」に含まれる。
(3) C社が製造した部品をD社に輸送する際に排出したCO_2は、C社のスコープ3カテゴリ9「輸送・配送（下流）」に含まれる。
(4) C社がD社に供給した部品を製造する際に排出したCO_2は、C社のスコープ1あるいはスコープ2に含まれる。

解説＆正解

A社がC社のために原料の製造をする際に排出したCO_2は、C社のスコープ3カテゴリ1「原材料」に含まれる。また、B社がC社に原料の輸送をする際に排出したCO_2は、C社のスコープ3カテゴリ4「輸送・配送」に含まれる。したがって、(1)、(2)は適切である。

C社がD社に供給した部品を製造する際に排出したCO_2はC社のスコープ1またはスコープ2排出量に含まれ、C社が製造した部品をD社に自社配送する際に排出したCO_2は、C社のスコープ1排出量に含まれる。したがって、(3)は適切でなく、(4)は適切である。

出典：みずほ情報総研「環境省　サプライチェーン排出量算定に関する説明会　Scope3〜算定編〜」78頁〜
https://www.env.go.jp/earth/ondanka/supply_chain/gvc/files/tools/study_meeting_2021.pdf

正解　(3)

| 問12 | 排出係数 |

「温室効果ガス排出量算定・報告マニュアル（Ver5.0）」における排出係数に関する記述として、適切でないものは次のうちどれですか。

(1) 燃料を使用している場合は、経済産業省・環境省令で定められた燃料の種類別の単位発熱量および排出係数を用いる。
(2) 小売電気事業者・一般送配電事業者が供給する電気を使用している場合は、事業者別に公表される排出係数を用いる。
(3) 都市ガス・他人から供給された熱を使用している場合は、事業者別に公表される排出係数を用いる。
(4) 事業者独自の実測等に基づく単位発熱量および排出係数は、用いることができない。

解説＆正解

「温室効果ガス排出量算定・報告マニュアル（Ver5.0）」では、燃料の使用に伴うCO_2排出量（エネルギー起源CO_2）について、燃料の種類ごとに、①燃料の使用量に、②単位量当たりの発熱量、③炭素排出係数（単位発熱量当たりの炭素排出量）、④44/12（炭素量を二酸化炭素量へ変換する係数）を乗じて求めることしている（下式参照）。

$$CO_2 \text{排出量} (tCO_2) = (\text{燃料の種類ごとに}) \text{燃料使用量} (t, kl, 千m^3)\\ \times \text{単位発熱量} (GJ/t, GJ/kl, GJ/千m^3)\\ \times \text{炭素排出係数} (tC/GJ)\\ \times 44/12$$

単位発熱量および炭素排出係数は、「特定排出者の事業活動に伴う温室効果ガスの排出量の算定に関する省令」において、燃料の種類ごとに定められた数値を使用する。したがって、(1)は適切である。

小売電気事業者および一般送配電事業者が供給する電気を使用している場合には、事業者別の排出係数として環境大臣・経済産業大臣が公表する係数を用いる。したがって、(2)は適切である。

　同様に、都市ガスの使用および他人から供給された熱の使用についても、事業者別の排出係数が環境大臣・経済産業大臣から公表されている場合には、それを用いる。したがって、(3)は適切である。

　なお、一般に使われている原料や燃料と、自社で用いているこれらの組成が異なるような場合に、実測等に基づく排出係数や日本産業規格による実測等に基づく単位発熱量を用いることもできる。したがって、(4)は適切でない。

出典：環境省「温室効果ガス排出量算定・報告マニュアル（Ver5.0）（令和6年2月）」Ⅱ－16、29－31頁
https://ghg-santeikohyo.env.go.jp/files/manual/chpt2_5-0_rev.pdf

正解　(4)

> **問13** 排出原単位

スコープ3カテゴリ1排出量算定に用いる排出原単位に関する記述について、適切でないものは次のうちどれですか。

(1) 産業連関表ベースの排出原単位は、社会に存在するすべての財・サービスの排出量を把握しているため、必要な原単位を入手可能である。
(2) 産業連関表ベースの排出原単位は、活動量を金額で把握している場合にしか使用できない。
(3) 積み上げベースの排出原単位は、ライフサイクルの各段階で投入した資源・エネルギー（インプット）と排出物（アウトプット）を詳細に収集・集計しているため、高精度である。
(4) ライフサイクルに含まれるプロセスは非常に複雑であり、積み上げ法により排出原単位を作成するには多大な労力が必要である。

解説＆正解

産業連関表ベースの排出原単位のメリットとしては、社会に存在するすべての財・サービスの生産に伴う直接・間接的な排出量を把握することが可能であり、必要な原単位を入手可能であることが挙げられる。したがって、(1)は適切である。

一方、デメリットとしては、産業連関表では社会に存在するすべての財・サービスを400種類にまとめて分類しており、一つの部門に該当する商品やサービスは複数存在することが多く、原単位はそうした多種の製品の平均的な単位生産額当たりの排出量を示しており、詳細な分析は困難であることが挙げられる。

産業連関表ベースの排出原単位には、物量ベースのものと金額ベースのものがある。金額ベースの原単位しかない部門と、物量ベース・金額

ベースの両方がある部門があり、後者の部門については活動量を物量で把握している場合にも使用できる。したがって、(2)は適切でない。

積み上げベースの排出原単位のメリットとしては、ライフサイクルの各段階で投入した資源・エネルギー（インプット）と排出物（アウトプット）を詳細に収集・集計しているため、高精度であり、現実のプロセスに対応しており、データの代表性も高いことが挙げられる。したがって、(3)は適切である。

一方、デメリットとしては、ライフサイクルに含まれるプロセスは非常に複雑であり、積み上げ法により排出原単位を作成するには多大な労力が必要であり、網羅的な整備が難しいため必要な原単位が存在しない可能性があることが挙げられる。したがって、(4)は適切である。

出典：「サプライチェーンを通じた組織の温室効果ガス排出等の算定のための排出原単位について（Ver.3.4）」10頁
https://www.env.go.jp/earth/ondanka/supply_chain/gvc/files/tools/unit_outline_V3-4.pdf

正解 (2)

問14　マーケット基準・ロケーション基準

GHGプロトコルScope2ガイダンスにおけるCO_2排出係数の適用について、適切なものは次のうちどれですか。

(1) マーケット基準手法とは、系統網平均の排出係数を利用する方法である。
(2) マーケット基準の排出係数は、地域・国等の区域内における発電に伴う平均の排出係数を示す。
(3) ロケーション基準手法とは、実際に契約している電気メニューに応じた排出係数を利用する方法である。
(4) ロケーション基準手法では、特定の電力を利用したとみなす電力証書（再生可能エネルギー由来の電力証書など）の利用は考慮しない。

解説＆正解

GHGプロトコルScope2ガイダンスでは、電力利用に伴う排出量について、「ロケーション基準手法」と「マーケット基準手法」の2通りの手法で報告をすることを求めている。

ロケーション基準手法とは、系統網平均の排出係数（地域・国等の区域内における発電に伴う平均の排出係数）を利用する方法である。マーケット基準手法とは、実際に契約している電気メニューに応じた排出係数を利用する方法である。

特定の電力を利用したとみなす電力証書（再生可能エネルギー由来の電力証書など）の利用は、ロケーション基準手法では考慮しないが、マーケット基準では契約として考慮する。

したがって、(1)、(2)、(3)は適切でなく、(4)は適切である。

出典：環境省および経済産業省「サプライチェーンを通じた温室効果ガス排出量算定に関する基本ガイドライン（ver.2.6）」Ⅱ－7頁
https://www.env.go.jp/earth/ondanka/supply_chain/gvc/files/tools/GuideLine_ver.2.6.pdf

正解 (4)

問15　組織境界の設定

「サプライチェーンを通じた温室効果ガス排出量算定に関する基本ガイドライン」における組織境界の設定方法について、適切でないものは次のうちどれですか。

(1) 自社として算定すべき組織境界は、原則として、自社（法人等）および連結対象事業者等自社が所有または支配するすべての事業活動の範囲である。
(2) 売上比率基準とは、対象の事業からの排出量を、その事業の売上比率に応じて算定する排出量の連結方法をいう。
(3) 出資比率基準とは、対象の事業からの排出量を、その事業に対する出資比率（株式持分）に応じて算定する排出量の連結方法をいう。
(4) 支配力基準とは、支配下の事業からの排出量を100％算定する排出量の連結方法をいう。

解説＆正解

「サプライチェーンを通じた温室効果ガス排出量算定に関する基本ガイドライン」において、自社のサプライチェーン排出量を算定すべき組織境界は、原則として、自社（法人等）および連結対象事業者等自社が所有または支配するすべての事業活動の範囲であり、出資比率基準または支配力基準を用いることとされている。売上比率基準という考え方はない。したがって、(1)は適切であり、(2)は適切でない。

出資比率基準とは、対象の事業からの排出量を、その事業に対する出資比率（株式持分）に応じて算定する排出量の連結方法をいう。したがって、(3)は適切である。

支配力基準とは、支配下の事業からの排出量を100％算定する排出量

の連結方法をいう。支配力基準においては、出資比率が高くても支配力を持っていない場合は算入しない。支配力は、財務支配力（当該事業者の財務方針および経営方針を決定する力を持つ）または経営支配力（当該事業者に対して自らの経営方針を導入して実施する完全な権限を持つ）のどちらかの観点で定義される。したがって、(4)は適切である。

出典：環境省および経済産業省「サプライチェーンを通じた温室効果ガス排出量算定に関する基本ガイドライン（ver.2.6)」Ⅰ－6頁〜7頁
https://www.env.go.jp/earth/ondanka/supply_chain/gvc/files/tools/GuideLine_ver.2.6.pdf

正解　(2)

問 16　組織境界の設定方法

X社はZ社の株式を75％保有しており、Z社の事業に関して支配力を有している。Z社の燃料由来の直接排出量が30,000t-CO_2だった場合における排出量の算定について、適切でないものは次のうちどれですか。

(1)　支配力基準では、X社の排出量にZ社の排出量30,000t-CO_2を含める必要がある。

(2)　支配力基準の場合、X社の排出量へのZ社の排出量の計上方法としては、X社のスコープ1排出量、あるいはX社のスコープ3カテゴリ15「投資」のいずれかを選択する。

(3)　出資比率基準では、X社のスコープ1排出量にZ社の排出量22,500t-CO_2を含める必要がある。

(4)　出資比率基準の場合、投資先のZ社における排出量はX社のスコープ1・2排出量として計上するため、スコープ3カテゴリ15「投資」に該当する排出量はない。

解説＆正解

　出資比率基準とは、対象の事業からの排出量をその事業に対する出資比率（株式持分）に応じて算定する排出量の連結方法をいう。

　また、支配力基準は、支配下の事業からの排出量を100％算定する排出量の連結方法であるが、出資比率が高くても支配力を持っていない場合は算入しない。

　ここで、支配力は、財務支配力（当該事業者の財務方針および経営方針を決定する力を持つ）または経営支配力（当該事業者に対して自らの経営方針を導入して実施する完全な権限を持つ）のどちらかの観点で定義することができる。サプライチェーンを通じた温室効果ガス排出量算

定に関する基本ガイドラインにおいては、一般的にどちらの基準でも対象に含む連結対象事業者を組織境界に含むとして示している。

株式保有率75％であり、事業に対して支配力を有するグループ会社において、算定・報告・公表制度の対象となる燃料由来の直接排出量が30,000t-CO_2だった場合、出資比率基準では30,000t-CO_2の75％の22,500t-CO_2、支配力基準では30,000t-CO_2を、スコープ１排出量に含める必要がある。

なお、出資比率基準の場合、投資先の事業者における排出量はスコープ１・２排出量として計上するため、スコープ３カテゴリ15「投資」に該当する排出量はない。

したがって、(2)は適切でない。

出典：環境省「Q＆A　サプライチェーン排出量算定におけるよくある質問と回答集」２頁
https://www.env.go.jp/earth/ondanka/supply_chain/gvc/files/tools/QandA_202203.pdf

正解　(2)

問17　中小企業の温室効果ガス排出量

中小企業の温室効果ガス排出量に関する記述について、適切なものは次のうちどれですか。

(1) 中小企業の温室効果ガス排出量は、日本全体の排出量の約3～4割を占めると推定される。
(2) 気候変動対応やCO_2削減に係る取組みの重要性について理解していない中小企業は1割に満たない。
(3) 事業所全体での年間CO_2排出量（スコープ1・2）を把握している中小企業は、過半数に達している。
(4) 取引先からの温室効果ガスの把握やカーボンニュートラルに向けた協力要請を受けたことのある中小企業は、徐々に増加している。

解説＆正解

経済産業省によれば、中小企業の温室効果ガス排出量は2017年度において1.2億～2.5億t-CO_2、日本全体の排出量12億9,200万t-CO_2に対して、1～2割を占めると推計されている。したがって、(1)は適切でない。

また、2024年版中小企業白書に掲載されたアンケート結果（2023年回答）では、「気候変動対応やCO_2削減に係る取組の重要性について理解していない」が21.4％であった。また、事業所全体での年間CO_2排出量（スコープ1・2）を把握している」、もしくはそれ以上の段階まで取り組んでいる中小企業の割合は、2割強に留まっている。したがって、(2)、(3)は適切でない。

同じ調査で、取引先からの温室効果ガスの把握やカーボンニュートラルに向けた協力要請の有無を尋ねた設問では、「あった」の回答割合が、2020年：7.7％、2021年：10.2％、2022年：15.4％と、徐々に増加している。

したがって、(4)は適切である。

正解 (4)

> **問18** スコープ１・２排出量の算定①

　スコープ１・２排出量の算定に関する記述について、適切でないものは次のうちどれですか。

(1) スコープ１・２排出量の算定に必要な活動量の数値は、請求書等の経理資料などから得ることができる。
(2) スコープ１・２排出量の算定に用いるCO_2排出係数は、環境省の「算定・報告・公表制度における算定方法・排出係数一覧」から入手できる。
(3) スコープ１・２排出量の算定に必要なツールとして、エコアクション21ガイドライン「別表　環境への負荷の自己チェック表」や日本商工会議所「CO_2チェックシート」を有償で活用することができる。
(4) スコープ１・２排出量の算定に当たり、活動量の数値やCO_2排出係数の単位や桁間違いに注意する必要がある。

解説＆正解

　(1)、(2)、(4)は選択肢のとおりである。
　エコアクション21ガイドライン「別表　環境への負荷の自己チェック表」や日本商工会議所「CO_2チェックシート」は無償で活用することができる。したがって、(3)は適切でない。

正解　(3)

| 問19 | スコープ1・2排出量の算定② |

下記の、スコープ1・2排出量の算定に関する記述について、適切な組合せは次のうちどれですか。

① 本社の事務所で空調・照明・OA機器等に使用している購入電力由来のCO_2排出量は、スコープ1排出量に該当する。
② 本社とは別の場所にある自社の工場で、ボイラー熱源として燃焼させている都市ガス由来のCO_2排出量は、スコープ1排出量に該当する。
③ 自社の製品を自社が保有する車両で輸送する場合に消費している、軽油またはガソリン由来の排出量は、スコープ1排出量に該当する。
④ 自社の製品を運送業者に委託して輸送する場合に消費している、軽油またはガソリン由来の排出量は、スコープ1排出量に該当する。

(1) ①と③は適切であるが、②と④は適切でない。
(2) ①と④は適切であるが、②と③は適切でない。
(3) ②と③は適切であるが、①と④は適切でない。
(4) ②と④は適切であるが、①と③は適切でない。

解説＆正解

①は、他社から供給された電気、熱・蒸気の自社における使用に伴う間接排出であるから、スコープ2排出量に該当する。

②は、自社の工場の燃料の燃焼は、事業者自らによる温室効果ガスの直接排出であるから、スコープ1排出量に該当する。

③は、自社の製品を自社の車両で輸送することは、事業者自らによる温室効果ガスの直接排出であり、スコープ１排出量に該当する。

④は、運送業者に委託して輸送するの出荷輸送であり、事業者の活動に関連する他社の排出であるから、スコープ３排出量に該当する。

したがって、②と③が適切であり、①と④は適切でない。

以上により、(3)が本問の正解である。

正解 (3)

問20　スコープ1・2排出量の算定③

　甲銀行乙支店の融資担当者Xは、取引先である金属製品製造業A社の経理担当者からスコープ1・2排出量の算定についてのアドバイスを求められました。下記のA社の資料に基づくスコープ1・2排出量の算定方法に関する記述として、適切なものは次のうちどれですか。

---

① 軽油
・軽油の年間消費量：36,000ℓ
・軽油のCO_2排出係数：2.62t-CO_2/kℓ
② ガソリン
・ガソリンの年間消費量：12,000ℓ
・ガソリンのCO_2排出係数：2.29t-CO_2/kℓ
③ 購入電力
・電気の年間消費量：100,000kWh
・電気のCO_2排出係数：0.000429t-CO_2/kWh
なお、上記以外のエネルギー消費はないものとする。

---

(1) 軽油由来のCO_2排出量は、943.2t-CO_2と算定される。
(2) ガソリン由来のCO_2排出量は、274,800kg-CO_2（274.8t-CO_2）と算定される。
(3) 購入電力由来のCO_2排出量は、42.9t-CO_2と算定される。
(4) スコープ1・2排出量は、合計で1,260.9t-CO_2と算定される。

解説＆正解

　軽油・ガソリンのCO_2排出係数はt-CO_2/kℓ単位だが、活動量（軽油・ガソリンの消費量）は、ℓ単位で集計・把握されることが多い。この場

合、ℓをkℓに換算するか、CO_2排出係数をℓ単位に換算する必要がある。その際の桁間違いに注意する必要がある。

電力の場合も同様で、CO_2排出係数はt-CO_2/kWh単位だが各種ツールでkg-CO_2/ℓで入力する設定になっている場合、係数の換算が必要である。また、そのまま使う場合には小数点6桁のため、ゼロの数を間違えないように注意する必要がある。

- 軽油由来のCO_2排出量（スコープ1）：94.32t-CO_2

  活動量をkℓに換算（36,000ℓ→36kℓ）し、CO_2排出係数はそのまま使用する場合

  36kℓ × 2.62t-CO_2/kℓ = 94.32t-CO_2

  活動量をそのまま使用し、CO_2排出係数をℓ単位に換算（2.62t-CO_2/kℓ→2.62kg-CO_2/ℓ）する場合

  36,000ℓ × 2.62kg-CO_2/ℓ = 94,320kg-CO_2

  したがって、(1)は適切でない。

- ガソリン由来のCO_2排出量（スコープ1）：27.48t-CO_2

  活動量をkℓに換算（12,000ℓ→12kℓ）し、CO_2排出係数はそのまま使用する場合

  12kℓ × 2.29t-CO_2/kℓ = 27.48t-CO_2

  活動量をそのまま使用し、CO_2排出係数をℓ単位に換算（2.29t-CO_2/kℓ→2.29kg-CO_2/ℓ）する場合

  12,000ℓ × 2.29kg-CO_2/ℓ = 27,480kg-CO_2

  したがって、(2)は適切でない。

- 購入電力由来のCO_2排出量（スコープ2）：42.9t-CO_2

  活動量・CO_2排出係数ともにそのまま使用する場合

  100,000kWh × 0.000429t-CO_2/kWh = 42.9t-CO_2

  活動量をそのまま使用し、CO_2排出係数をkg-CO_2単位に換算（0.000429t-CO_2/kWh→0.429kg-CO_2/kWh）する場合

$100,000 \text{kWh} \times 0.429 \text{kg-}CO_2/\text{kWh} = 42,900 \text{kg-}CO_2$

したがって、(3)は適切である。

- スコープ1排出量計：軽油由来 $94.32\text{t-}CO_2$ + ガソリン由来 $27.48\text{t-}CO_2$ = $121.8\text{t-}CO_2$
- スコープ1・2排出量合計：スコープ1排出量 $121.0\text{t-}CO_2$ + スコープ2排出量 $42.9\text{t-}CO_2$ = $163.7\text{t-}CO_2$

したがって、(4)は適切でない。

正解 (3)

問21　スコープ3排出量算定の概要

温室効果ガス排出量に関する記述について、適切でないものは次のうちどれですか。

(1) スコープ3排出量算定法のうち、活動量を自社で収集し、排出原単位を掛け算する方法を「原単位法」という。
(2) 「原単位法」で使用する排出原単位は、スコープ3排出量を算定する事業者ごとに設定する必要がある。
(3) スコープ3排出量算定法のうち、取引先から排出量の提供を受けた一次データを利用して計算する方法を「一次データ法」という。
(4) 継続的な改善効果を把握するには、「原単位法」よりも「一次データ法」のほうが適している。

解説＆正解

スコープ3排出量算定法のうち、活動量を自社で収集し、排出原単位を掛け算する方法を「原単位法」、取引先から排出量の提供を受けた一次データを利用して計算する方法を「一次データ法」という。したがって、(1)、(3)は適切である。

「原単位法」で使用する排出原単位をまとめた排出原単位データーベースが環境省より公表・提供されている。したがって、(2)は適切でない。

「原単位法」では一律一定の排出原単位を使用するが、「一次データ法」では削減努力と成果が算定結果に反映されるため、継続的な改善効果を把握するには、「原単位法」よりも「一次データ法」のほうが適しているといえる。したがって、(4)は適切である。

正解　(2)

> **問22** スコープ3排出量の算定①

甲銀行乙支店の融資担当者Xは、取引先である印刷業A社の営業担当役員からスコープ3排出量の算定についてのアドバイスを求められました。下記のA社の資料に基づくスコープ3排出量の算定方法に関する記述として、適切なものは次のうちどれですか。

---

① 主要な原材料は、印刷用紙・印刷インキである。
② 自社設備のない製本工程は、同業者に外注している。
③ 発注者への納品は、近場は自社車両で配送しているが、市外の場合は道路運送事業者に委託している。
(その他については省略)

---

(1) 印刷用紙・印刷インキの購入に伴う排出量は、カテゴリ2「資本財」に該当する。
(2) 製本業者への外注に伴う排出量は、カテゴリ1「購入した製品・サービス」に該当する。
(3) 発注者への自社車両による納品は、カテゴリ4「輸送、配送(上流)」に該当する。
(4) 発注者への納品の道路運送事業者への委託は、カテゴリ9「輸送、配送(下流)」に該当する。

解説&正解

印刷用紙・印刷インキは原材料であり、カテゴリ1「購入した製品・サービス」に該当する。したがって、(1)は適切でない。

製本工程の外注は、自社製品を完成させる工程の一部であり、仕入れに相当するため、カテゴリ1「購入した製品・サービス」に該当する。し

たがって、(2)は適切である。

　自社車両による納品は、スコープ1排出量に該当する。したがって、(3)は適切でない。

　納品の道路運送事業者への委託は、自社が荷主である出荷物流であり、カテゴリ4「輸送、配送（上流）」に該当する。したがって、(4)は適切でない。

正解　(2)

| 問23 | スコープ3排出量の算定② |

　甲銀行乙支店の融資担当者Xは、取引先である印刷業A社の営業担当役員からカテゴリ1のスコープ3排出量の算定についてのアドバイスを求められました。下記のA社の資料に基づくスコープ3排出量の算定方法に関する記述として、適切な組合せは次のうちどれですか。

- カテゴリ1「購入した製品・サービス」の購入額
- 印刷用紙の年間購入量：1,800万円（紙卸商から購入）
- 製本業者への年間外注金額：240万円（直接発注）
- 排出原単位

品目	生産者価格ベース	購入者価格ベース
洋紙・和紙	15.45t-CO_2/百万円	11.12t-CO_2/百万円
印刷・製版・製本	3.26t-CO_2/百万円	3.04t-CO_2/百万円

- 排出量の算定

① 印刷用紙の購入に伴う排出量は、生産者価格ベースの排出原単位を用いて18百万円×15.45t-CO_2/百万円＝278.10t-CO_2と算定される。

② 印刷用紙の購入に伴う排出量は、購入者価格ベースの排出原単位を用いて18百万円×11.12t-CO_2/百万円＝200.16t-CO_2と算定される。

③ 製本業者への外注に伴う排出量は、生産者価格ベースの排出原単位を用いて2.4百万円×3.26t-CO_2/百万円＝7.82t-CO_2と算定される。

④ 製本業者への外注に伴う排出量は、購入者価格ベースの排出原単位を用いて2.4百万円×3.04t-CO_2/百万円＝7.30t-CO_2と算定される。

(1) ①と③は適切であるが、②と④は適切でない。
(2) ①と④は適切であるが、②と③は適切でない。
(3) ②と③は適切であるが、①と④は適切でない。
(4) ②と④は適切であるが、①と③は適切でない。

解説＆正解

　印刷用紙は紙卸商からの購入であり、購入者価格を適用するのが適切である。製本業者への外注は直接発注であり、生産者価格を適用するのが適切である。

　したがって、②と③は適切であるが、①と④は適切でない。

　以上により、(3)が本問の正解である。

正解　(3)

| 問24 | スコープ３排出量の精緻化

スコープ３排出量の精緻化について、適切でないものは次のうちどれですか。

(1) 金額と現実のGHG排出量の相関関係は比較的弱いため、取引量（重さ、数、大きさ等）ベースで活動量を計算する方が望ましい。
(2) 調達物品を細かくカテゴライズして排出原単位を割り振ることにより、正確性が向上する。
(3) 各種データベースに掲載されている排出原単位は、「世の中一般の平均的には、製品Ｘが出荷されるまでに、CO_2に換算してXXg排出している」という情報であり、自社のサプライヤーの排出実績データに比べて信頼性が高い。
(4) スコープ３排出量の精緻化を進めるには、活動量と排出原単位の精度を向上させることが必要だが、どちらから始めてもよい。

解説＆正解

スコープ３排出量の計算方法は、原則として活動量×排出原単位であることから、活動量あるいは排出原単位のデータを排出量の実態により近づけることが、精緻化につながる。したがって、(4)は適切である。

活動量は、多くの企業がデータを入手しやすい取引金額を用いて計算しているが、金額と現実のGHG排出量の相関関係は比較的弱いため、取引量（重さ、数、大きさ等）ベースで活動量を計算する方が望ましい。したがって、(1)は適切である。

また、多くの企業は各種データベースに掲載されている排出原単位を使用しているが、その数字はあくまで、「世の中一般の平均的には、製品Ｘが出荷されるまでに、CO_2に換算してXXg排出している」という情

報（二次データ）であり、自社と取引している特定のサプライヤーが現実としてどの程度GHGを排出しているのか（一次データ）はわからない。したがって、(3)は適切でない。

そこで、スコープ３排出量の精緻化は、次の３つの方向性に整理することができる。

・取引金額ベースから取引量ベースに変更し、活動量の精度を向上する。
・計算単位の粒度を細分化し、排出原単位の精度を向上する。
・サプライヤーからデータを収集し、排出原単位の精度を向上する。

活動量と排出原単位の両方を並行して精緻化することが理想だが、限られた社内リソースで効果を上げるため、優先順位を付けて取り組むことも考えられる。また、できるだけ調達物品を細かくカテゴライズして排出原単位を割り振ることにより、正確性が向上する。したがって、(2)は適切である。

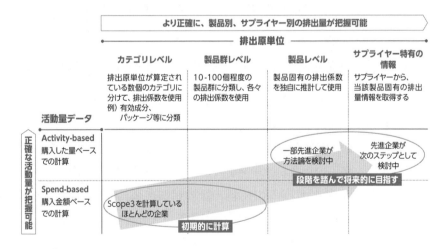

出典：環境省「SBT等の達成に向けたGHG排出削減計画策定ガイドブック（2022年度版）」49〜50頁
https://www.env.go.jp/earth/ondanka/supply_chain/gvc/files/guide/SBT_GHGkeikaku_guidebook.pdf

正解 (3)

問25　カテゴリ5「事業から出る廃棄物」におけるサプライチェーン排出量

サプライチェーンにおけるスコープ3カテゴリ5「事業から出る廃棄物」におけるサプライチェーン排出量等に関する記述について、適切でないものは次のうちどれですか。

(1) 自社工程内でリサイクルをした際に排出されるCO_2排出量は、スコープ1あるいはスコープ2に含める。
(2) 他社を介したクローズドリサイクルをした際に排出されるCO_2排出量は、スコープ3のカテゴリ5に含める。
(3) 自社の事業活動から発生する有価ではない廃棄物を、自社の自動車等で廃棄物処理施設に輸送する場合のCO_2排出量は、任意でスコープ3のカテゴリ5に含めることができる。
(4) 自社の事業活動から発生する有価ではない廃棄物を、他社のリサイクル施設や廃棄物処理施設で廃棄物処理を行った際に排出されるCO_2排出量は、スコープ3のカテゴリ5に含める。

解説＆正解

スコープ3のカテゴリ5「事業から出る廃棄物」の算定対象範囲は、自社の事業活動から発生する廃棄物（有価のものは除く）の自社以外での「廃棄」と「処理」に係る排出量をいう。また、廃棄物の輸送に係る排出量も、任意でカテゴリ5に含めることができる。

具体的には、下図の自社から排出される廃棄物側の処理フロー（図の右下囲み部分）がカテゴリ5での算定対象範囲となる。自社工程内のリサイクル等の自社処理分は、スコープ1または2で計上することになる。

なお、他社を介したクローズドリサイクルをした際に排出されるCO_2排出量は、スコープ3のカテゴリ1に分類される。

したがって、(1)、(3)、(4)は適切であり、(2)は適切でない。

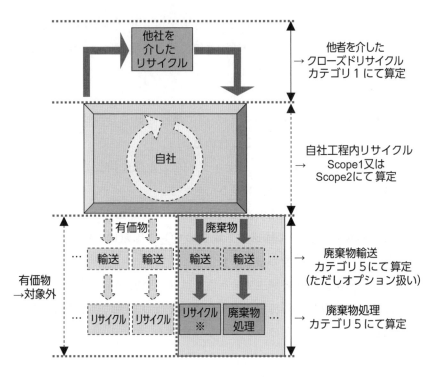

出典：環境省・経済産業省「サプライチェーンを通じた温室効果ガス排出量算定に関する基本ガイドライン（ver.2.6）」Ⅱ - 21 頁
https://www.env.go.jp/earth/ondanka/supply_chain/gvc/files/tools/GuideLine_ver.2.6.pdf

正解　(2)

問26　カテゴリ6・カテゴリ7におけるサプライチェーン排出量

サプライチェーンにおけるスコープ3カテゴリ6「出張」あるいはカテゴリ7「通勤」におけるサプライチェーン排出量等に関する記述について、適切でないものは次のうちどれですか。

(1) 出張の算定対象範囲は、自社が常時使用する従業員の出張等、業務における従業員の移動の際に使用する交通機関における燃料・電力消費から排出される排出量である。
(2) 出張の対象は自社が常時使用する従業員の出張であり、従業員には、正社員等、他からの派遣者（出向者）が含まれるが、役員や他への派遣者（出向者）は原則として含まれない。
(3) 通勤の算定対象範囲は、自社が常時使用する従業員の工場・事業所への通勤時に使用する交通機関（自社保有の車両等による通勤を含む）における燃料・電力消費から排出される排出量である。
(4) 通勤の算定対象範囲には、テレワークによる排出を含めることもできる。

解説＆正解

スコープ3カテゴリ6（出張）の算定対象範囲は、自社が常時使用する従業員の出張等、業務における従業員の移動の際に使用する交通機関における燃料・電力消費から排出される排出量である。ただし、自社保有の車両等による移動は、スコープ1またはスコープ2として把握する。したがって、(1)は適切である。

なお、ここで「常時使用する従業員」とは算定・報告・公表制度で定める「常時使用する従業員」であるが、算定対象範囲に含む連結事業者の従業員も含まれる。従業員には、正社員等、他からの派遣者（出向者）、

別事業者からの下請労働は含まれるが、役員、臨時雇用者、他への派遣者(出向者)、別事業者への下請労働は含まれない。また、フランチャイズチェーンやテナントの従業員は算定対象外であるが、対象とすることもでき、出張者の宿泊に伴う宿泊施設での排出を含むこともできる。したがって、(2)は適切である。

　カテゴリ7の算定対象範囲は、自社が常時使用する従業員の工場・事業所への通勤時に使用する交通機関における燃料・電力消費から排出される排出量である。ただし、自社保有の車両等による通勤はスコープ1または2として把握する。したがって、(3)は適切でない。

　なお、ここで「常時使用する従業員」とは算定・報告・公表制度で定める「常時使用する従業員」であるが、算定対象範囲に含む連結事業者の従業員も含まれる。フランチャイズチェーンやテナントの従業員は算定対象外であるが、対象とすることもできる。また、テレワークによる排出を含めることもできる。したがって、(4)は適切である。

出典：環境省・経済産業省「サプライチェーンを通じた温室効果ガス排出量算定に関する基本ガイドライン（ver.2.6）」Ⅱ－24〜26頁
https://www.env.go.jp/earth/ondanka/supply_chain/gvc/files/tools/GuideLine_ver.2.6.pdf

正解　(3)

問 27 カテゴリ15の排出量の算出

Z社に投資しているX社は組織境界基準として出資比率基準を選択している。下記のデータに基づいて算出したX社のカテゴリ15の排出量（$t\text{-}CO_2e$：二酸化炭素換算量）として、適切なものは次のうちどれですか。

投資先	投資先のスコープ1・2排出量		投資先の発行株式数		X社の保有Z社株式数	
	数値	単位	数値	単位	数値	単位
Z社	45,000,000	$t\text{-}CO_2e$	50,000	株	4,500	株

(1)　　　　　0 $t\text{-}CO_2e$
(2)　　4,050,000 $t\text{-}CO_2e$
(3)　　4,500,000 $t\text{-}CO_2e$
(4)　 45,000,000 $t\text{-}CO_2e$

解説＆正解

投資先のスコープ1・2排出量のうち、X社の保有するZ社株式保有割合分を計上する。

$45,000,000 \times 4,500 / 50,000 = 4,050,000$ $t\text{-}CO_2e$

したがって、(2)が適切である。

出典：みずほ情報総研「環境省　サプライチェーン排出量算定に関する説明会　Scope 3〜算定編〜」51・139頁〜
https://www.env.go.jp/earth/ondanka/supply_chain/gvc/files/tools/study_meeting_2021.pdf

正解　(2)

問28 ファイナンスド・エミッション

ファイナンスド・エミッションについて、適切なものは次のうちどれですか。

(1) ファイナンスド・エミッションは、投融資先企業のGHG排出量を意味し、金融機関におけるサプライチェーン排出量に計上されない他企業のGHG排出への寄与度を示す。
(2) トップダウン分析とは、各社の開示情報よりデータを取得し、そのデータを用いてGHG排出量を求める分析方法である。
(3) ボトムアップ分析は、セクターの平均的な炭素強度から各企業のGHG排出量を推計する方法である。
(4) ファイナンスド・エミッションは、投融資先の資金調達総額に占める自社の投融資額の割合(アトリビューション・ファクター)に投融資先のGHG排出量を掛け合わせることで計算される。

解説&正解

ファイナンスド・エミッションは、投融資先企業のGHG排出量を意味し、金融機関のスコープ3カテゴリ15(投資)に該当する(サプライチェーン排出量に含まれる)。したがって、(1)は適切でない。

トップダウン分析は、各社よりGHG排出量データを取得できない場合に、セクターの平均的な炭素強度を利用し、売上規模等に応じたGHG排出量を推計する分析手法である。トップダウン分析は、セクターの平均的な炭素強度から各企業のGHG排出量を推計するために、例えば業種と売上高のデータがあれば多くの企業が分析可能になるというメリットがある。一方で、売上高原単位による推計排出量のデータの質は低く、かつ、各社の排出削減努力を反映できないというデメリットが

存在する。したがって、(2)は適切でない。

　ボトムアップ分析とは、各社の開示情報よりデータを取得し、そのデータの積上げによって総排出量を求める分析方法である。ボトムアップ分析は、各社が開示するGHG排出量データを利用するためにデータの質が高く、各社の過去の削減実績も含む現在までの取組みを反映した排出実績を把握できるというメリットがある。一方で、GHG排出量データを開示している企業が少なく対象企業数が限定されるというデメリットが存在する。したがって、(3)は適切でない。

　ファイナンスド・エミッションは、投融資先の資金調達総額に占める自社の投融資額の割合（アトリビューション・ファクター）に、ボトムアップ分析またはトップダウン分析から得られた投融資先のGHG排出量を掛け合わせることで計算される。例えば、金融機関による融資額が、ある投融資先の資金調達総額の10％に当たる場合、当該投融資先のGHG排出量の10％が、その金融機関のポートフォリオに帰属するGHG排出量として計上される。

　なお、ファイナンスド・エミッションの計算式は以下のとおり（式中のiは各投融資先を示す）。したがって、(4)は適切である。

$$\text{ファイナンスドエミッション} = \sum_i \text{アトリビューション・ファクター}_i \times \text{排出量}_i$$

$$\text{アトリビューション・ファクター}_i = \frac{\text{投融資額}_i}{\text{資金調達総額}_i}$$

出典：環境省「金融機関向けポートフォリオ・カーボン分析を起点とした脱炭素化実践ガイダンス（2023年3月）30頁、34頁、51頁
https://www.env.go.jp/content/000125696.pdf

正解　(4)

問29　ファイナンスド・エミッション

金融機関Xは、負債の額が1,000百万円、自己資本の総額が500百万円であるW社（非上場）に、300百万円を事業ローンとして融資した。W社のスコープ1排出量が50Mt-CO_2、スコープ2排出量が100Mt-CO_2の場合、Xに帰属するW社の排出量に関する記述として、適切なものは次のうちどれですか。

(1)　Xのスコープ3カテゴリ15に30 Mt-CO_2帰属する。
(2)　Xのスコープ3カテゴリ15に45 Mt-CO_2帰属する。
(3)　Xのスコープ1に10 Mt-CO_2、スコープ2に20 Mt-CO_2帰属する。
(4)　Xのスコープ1に15 Mt-CO_2、スコープ2に30 Mt-CO_2帰属する。

解説＆正解

ファイナンスド・エミッションは、投融資先の資金調達総額（非上場企業の場合、負債と自己資本の額）に占める自社の投融資額の割合（アトリビューション・ファクター）に投融資先の温室効果ガス（GHG）排出量を掛け合わせることで算定される。

負債の額が1,000百万円、自己資本の総額が500百万円であるW社の資金調達総額は1,500百万円である。金融機関XはW社に300百万円を事業ローンとして融資している。つまり、XにはW社の総排出量の20％（30 Mt-CO_2）が帰属することになる。なお、帰属するのはスコープ3カテゴリ15である。したがって、(1)が適切である。

正解　(1)

問30　メタン排出量の換算

下記の資料から算出される、地方公共団体Ｘ市の埋立処分由来のGHG排出量（t-CO_2e：二酸化炭素換算量）として、適切なものは次のうちどれですか。

- Ｘ市においては、廃棄物（食物くず、紙くず、繊維くず、木くず）を埋立処分している（いずれも嫌気性埋立構造の最終処分場で処分）。この廃棄物が分解される際にメタンが排出されており、以下の状況となっている。

廃棄物の種類	埋立処分された量	メタンの排出係数
食物くず	17 t	0.15t-CH4/t
紙くず	12 t	0.14t-CH4/t
繊維くず	10 t	0.15t-CH4/t
木くず	8 t	0.15t-CH4/t

- 地球温暖化係数（メタン）：28

(1)　6.93t-CO_2e
(2)　16.52t-CO_2e
(3)　47.00t-CO_2e
(4)　194.04t-CO_2e

解説＆正解

温室効果ガス排出の算定・報告・公表制度における算定対象活動の対象とする温室効果ガスは、エネルギー起源CO_2、非エネルギー起源CO_2、メタン（CH_4）、一酸化二窒素（N_2O）、ハイドロフルオロカーボン（HFC）類、パーフルオロカーボン（PFC）類、六ふっ化硫黄（SF_6）、三ふっ化窒素（NF_3）である。

「温室効果ガス総排出量」は、温室効果ガスの物質ごとに、法令で定め

る方法により算定される排出量に、当該物質の地球温暖化係数を乗じ、それらを合算することにより算定する。

温室効果ガス排出量 ＝ 各気体別排出量 × 各地球温暖化係数

地球温暖化係数とは、各温室効果ガスの温室効果の強さがその種類によって異なっていることを踏まえ、二酸化炭素を1（基準）として、各温室効果ガスの温室効果の強さを数値化したもので、メタンが28、一酸化二窒素が265、ハイドロフルオロカーボン類が最大12,400、パーフルオロカーボン類が最大11,100、六ふっ化硫黄が23,500、三ふっ化窒素が16,500となっている（環境省「算定・報告・公表制度における算定方法・排出係数」令和5年12月12日更新（令和6年1月16日一部修正））。

X市において、焼却されずに嫌気性埋立構造の最終処分場で埋立処分された廃棄物の分解の際に排出されるメタンの量の算定は、以下の手順による。

①　総排出量算定期間において廃棄物の種類ごとに（焼却せずに）埋立処分された量（単位：トン(t)）に、廃棄物の種類ごとの埋立処分に伴うメタンの排出係数を乗じて、廃棄物の種類ごとの埋立処分に伴うメタンの排出量を算定する。

廃棄物の種類ごとの埋立処分に伴うメタンの排出量（$kg\text{-}CH_4$）
＝　廃棄物の種類ごとの埋立処分された量（t）× 廃棄物の種類ごとの埋立処分に伴うメタンの排出係数（$kg\text{-}CH_4/t$）

②　さらに、①で得られた廃棄物の種類ごとの埋立処分に伴うメタンの排出量を合算して、「廃棄物の埋立処分に伴うメタンの排出量」とする。

③　②で得られた廃棄物の埋立処分に伴うメタンの排出量に、地球温暖化係数を乗じる。

以上より計算すると、下記のようになる。

食物くず：$17t × 0.15 kg\text{-}CH_4/t = 2.55 t\text{-}CH_4$
紙くず　：$12t × 0.14 kg\text{-}CH_4/t = 1.68 t\text{-}CH_4$

繊維くず：10t × 0.15kg-CH_4/t = 1.50t-CH_4
木くず　：8t × 0.15kg-CH_4/t = 1.20t-CH_4
2.55 + 1.68 + 1.50 + 1.20 = 6.93t-CH_4
6.93t-CH_4 × 地球温暖化係数28 ＝ 194.04t-CO_2e
したがって、(4)が適切である。

https://ghg-santeikohyo.env.go.jp/files/calc/itiran_2023_rev3.pdf

正解　(4)

第3章

削減目標、計画、実施に関する理解 〈減らす〉

1
GHG削減目標の設定

1 削減目標設定の考え方

 排出量算定作業が完了したら、次のステップは削減目標の設定である。ここでは、スコープ1・2排出量の削減目標の設定方法についてみていくことにする。

(1) 何を削減するか：総量削減目標と原単位改善目標
 まず、最初に考える必要があるのは、削減目標をどのような指標で設定するかという問題である。
 考えるまでもないようであるが、事業活動が好調になってくると、オフィスや工場の稼働時間が増える結果、エネルギー消費量が増加し、そもそも排出量を「削減」する目標を立てること自体が難しくなってくる。
 こうした場合、排出削減に取り組むのに、排出量を増加させる目標は立てにくいということで、「原単位を目標にしてはだめですか？」という相談を受けることが多い。
 原単位とは、社員数当たり（$kg\text{-}CO_2$/人）、オフィスの床面積当たり（$kg\text{-}CO_2$/㎡）、生産量当たり（$kg\text{-}CO_2$/個）、売上金額当たり（$kg\text{-}CO_2$/千円）などの排出量を数値化したものである（排出量算定は「足し算」と「掛け算」であるが、原単位算出には「割り算」が必要である）。
 事業活動の拡大に伴って規模の経済が働くので、通常、原単位の数字は小さくなる。そこで、原単位ならば「削減」する目標が立てられる、というわけである。

しかし、原単位目標だけしか設定しない場合、その数字だけでは排出量そのものが増えたか減ったかはわからない。

政策的・社会的に企業に求められているのは、あくまで排出量の「総量削減」であり、それを成果として考える必要がある。

経営管理的に考えれば、総量削減＝KGI（重要目標達成指標）であり、原単位改善はそのためのKSF（重要成功要因）の1つ、原単位指標はKPI（重要業績指標）の1つという位置付けになる。

ちなみに、事業活動が縮小傾向に転じると、多くの場合、総量削減になるが原単位は悪化する。こうなると、今度は逆に「原単位目標を総量目標に変えていいですか？」の相談を受けることになる。

業績が一貫して右肩上がりまたは右肩下がりということはなかなかないので、そのたびに指標の変更を繰り返していると、その企業の長期的の排出削減の評価をしにくくなってしまうという弊害もある。

そこで、筆者の場合はそうした相談に対し、総量削減目標を基本とし、原単位目標は管理指標として測定しましょう、と答えている。

こうすると、事業規模の増減率と原単位の増減率を比較して、削減努力を評価することができる（【図表3-1-1・2】）。

【図表3-1-1】事業が右肩上がりのとき

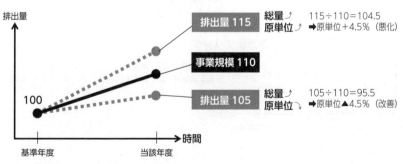

出典：有限会社サステイナブル・デザイン

【図表3−1−2】事業が右肩下がりのとき

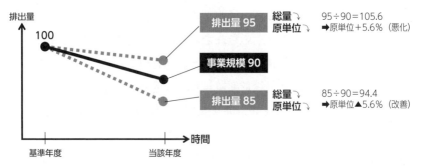

出典：有限会社サステイナブル・デザイン

　理想は、事業規模が拡大しながら排出量の総量を削減する「デカップリング」を実現することである（【図表3−1−3】）。
　このとき、原単位改善かつ総量削減となり、また、原単位改善の取組み（KSF）が奏功したことが原単位指標（KPI）として表現され、総量削減（KGI）の達成要因として説明できることになる。
　「言うは易し、行うは難し」であるが、排出削減の取組みを開始する時点では、これをあるべき姿（To-Be）として考えるようにしたい。

【図表3−1−3】理想はデカップリング

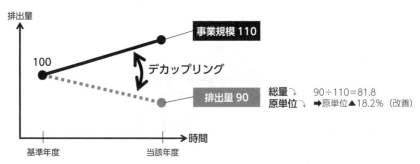

出典：有限会社サステイナブル・デザイン

　なお、マクロの国民経済レベルでみると、実は2013年度以降、この「デカップリング」が実現しつつあるように見受けられる（【図表3−1

－4】)。「行うは難し」であるが、不可能ではない。

【図表３－１－４】日本経済のデカップリングの状況

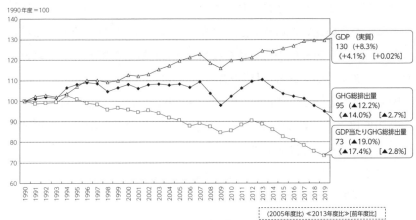

出典：環境省地球環境局「2030年目標に向けた検討（2021年3月24日）」6頁
https://www.enecho.meti.go.jp/committee/council/basic_policy_subcommittee/039/039_005.pdf

(2) どこまで削減するか：目標設定の類型

　排出削減に限らず、一般的に何かの目標を設定しようという場合、達成できない目標は立てたくないという人もいれば、ちょっとやそっとでは達成できないような高い目標でなければ掲げる意味がないという人もいる。

　前者の場合は、目標設定にあたり、達成できる見込みがあるという裏付けがほしいので、「積み上げ目標」の手法との親和性が高い。現状（As-Is）の分析から１つひとつの対策の効果を積み上げて、全体の目標を設定するやり方である。結論として、堅実かつ現実的な目標値が設定されることになる。

　後者の場合は、まず将来のあるべき状態（To-Be）を想定して、それを実現するには何をどれだけやればいいかと考えていく「逆算目標」との親和性が高い。結論として、大胆かつ野心的な目標値が設定されることになる。

ただ往々にして、「積み上げ目標」では将来のあるべき姿（To-Be）に程遠く、「逆算目標」では現状（As-Is）とのギャップが大きすぎて達成可能性がないということになりがちである。

どちらが良い悪いという問題ではなく、両方のアプローチを行ったり来たりして、一定程度の現実性を持ちながらも野心的であるラインを見つける作業が必要である（【図表3－1－5】）。

国レベルでいえば、1997年の京都議定書における日本の削減目標：1990年度比マイナス6％は、積み上げ目標的だったといえる（20年ほどかかって、ようやく達成している）。

一方で、パリ協定・1.5℃目標を踏まえた2050年カーボンニュートラル目標は、逆算目標的であるといえる。

【図表3－1－5】目標設定手法の類型

積み上げ目標：対策➡目標	逆算目標：目標➡対策
現状ベース（As-Is）に具体的な削減策とその効果を検討してから、削減可能量を積み上げて目標値を設定する	将来のあるべき状態（To-Be）としての目標値を設定してから、目標を達成するために必要十分な対策を検討する
堅実・現実的	大胆・野心的

出典：有限会社サステイナブル・デザイン

(3) いつまでに削減するか：計画期間の定義

削減計画の時間軸は長期・中期・単年度に分けられる。

長期目標の時間軸は、業界団体や上場企業では、2050カーボンニュートラル宣言に合わせて2050年に設定されていることが多い。

通常の経営計画では長期ビジョンとして、遠い将来の理想の姿を設定するような時間軸である。現状の延長上で予測できる範囲を超えており、現在実用化されていない技術の導入等も前提としなければならない。このため、「逆算目標」の性質が強いといえる。

中期経営計画の場合、計画期間は3～5年程度のことが多い。エコアクション21ガイドライン2017年版でも、中期の環境経営目標は3～5

年程度を目途とすることが記載されている。排出削減の場合、2050年の長期目標を見据えた中間目標として、中期の目標年次を2030年としていることが多い。

この計画期間には、○年度〜○年度までと特定の期間に固定する方式と、前年度の取組み・成果をもとに見直して毎年度新たに同じ期間の計画を策定するローリング方式がある(【図表3－1－6】)。

一般論としては、事業環境(外部要因)および事業活動(内部要因)に大きな変化が見込まれない場合は固定方式で定期的に、そうではない場合はローリング方式で毎年度状況変化に対応しながら、長期目標の達成につながるように計画を見直していく方が適しているだろう。

【図表3－1－6】中期計画の計画期間の設定

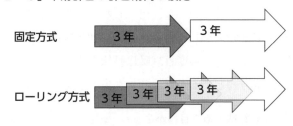

出典:有限会社サステイナブル・デザイン

ただし、固定方式の場合には、初年度から目標値を超過達成したり大幅未達だったりしたときに、その先の目標値をどうするか? という問題が生じる。

多くの場合、取組みの初期にはどれほどの排出削減ができるか見当がつかないまま、年率1%(3年で3%、5年で5%)といった、積み上げ方式でも逆算方式でもない、「とりあえず定率削減目標」を立てる例が多く見受けられる。

ただ、節電などの運用改善にしっかり取り組むと、その程度の誤差の範囲といってもよいような目標は、初年度にあっさり達成してしまうことが多い。

すると2年度目以降は、当初設定した目標値のままだと初年度実績より「増やしてよい」低すぎる目標になってしまう。

　一方で、基準年度に選んだ年度が異常値だったり、事業そのものの状況を考慮しないで何となく削減できるだろうという程度の見込みで設定した目標値の場合、初年度から排出量が目標値を大幅超過（または大幅未達）になってしまうこともある。

　この場合、基準値や事業の状況等を考慮せずに2年度目以降も当初設定した目標値のままだと、「できるわけがない」高すぎる目標になってしまう。

　低すぎる目標も高すぎる目標も、やる気は出ないし、モラルハザードにつながりやすい（【図表3－1－7】）。

　「とりあえず定率削減目標」でも、何もしないよりは始めた方がよいが、実績モニタリングと分析をしっかり行って、初年度の実績と目標の乖離が大きすぎるようなら、2年度目以降は目標を再設定することが望ましい（その先、固定方式とするかローリング方式とするかは要検討）。

【図表3－1－7】意味のある目標か？

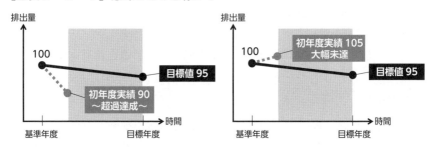

出典：有限会社サステイナブル・デザイン

(4)　どのくらい削減するか：削減目標の水準

　2050カーボンニュートラル宣言では、中間目標として2030年までに2013年度基準で46％削減を掲げている。この目標を定率削減目標に換算すると、年率▲2.7％となる。3年で▲8.1％、5年で▲13.5％、10年

で▲27.0％である。

1.5℃目標にコミットするSBT（Science Based Target、詳細後述）目標の場合は、スコープ１・２排出量については直近年度を基準にして５〜10年の期間で年率▲4.2％以上の削減目標が求められる。SBT認定を受けるかどうかは別として、このペースで排出削減に取り組む場合、３年で▲12.6％以上、５年で▲21.0％以上、10年で▲42.0％以上である。

ちなみに「経団連カーボンニュートラル行動計画」の2023年度までの実績をみると、2013年度を基準にして10年で▲21.0％の削減となっている（【図表３−１−８】）。年率換算すると、SBT1.5℃目標の求める▲4.2％／年のちょうど半分、▲2.1％／年である。

【図表３−１−８】経団連カーボンニュートラル計画の削減実績（2013〜2023年度）

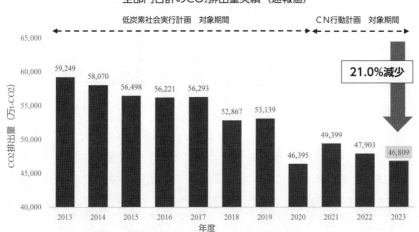

（注）・2013〜2020年度は経団連低炭素社会実行計画、2021年度以降は経団連カーボンニュートラル行動計画の対象期間。
　　　・一部、本グラフに計上していない業種もある。

出典：一般社団法人日本経済団体連合会「経団連カーボンニュートラル行動計画 2050年カーボンニュートラルに向けたビジョンと 2024年度フォローアップ結果 総括編（2023年度実績）［速報版］」2024年12月9日をもとに作成
https://www.keidanren.or.jp/policy/2024/085_honbun.pdf

一般社団法人省エネルギーセンターが実施したビルの省エネ診断における改善提案の省エネ率をみると、建物の用途は様々であるが、おおむね10～20％程度は見込まれる（【図表３－１－９】参照）。

【図表３－１－９】ビルの省エネポテンシャル（一般社団法人省エネルギーセンターが実施したビルの省エネ診断における改善提案の省エネ率）

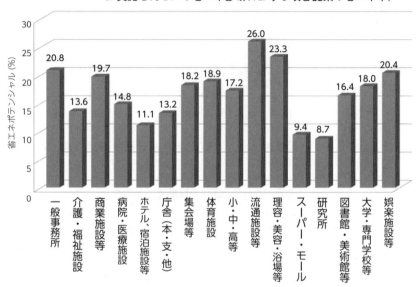

出典：一般財団法人省エネルギーセンター「ビルの省エネルギーガイドブック2023」12頁
https://www.shindan-net.jp/pdf/guidebook_building_2023.pdf

　同様に、一般社団法人省エネルギーセンターが実施した工場の省エネ診断における改善提案の省エネ率をみると、業種は様々であるが、おおむね５～15％程度は見込まれる（【図表３－１－10】参照）。

【図表３－１－10】工場の省エネポテンシャル（一般社団法人省エネルギーセンターが実施した工場の省エネ診断における改善提案の省エネ率）

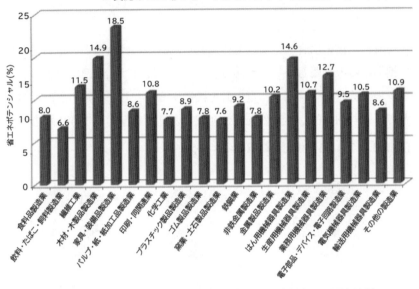

出典：一般財団法人省エネルギーセンター「工場の省エネルギーガイドブック 2023」13 頁
https://www.shindan-net.jp/pdf/guidebook_factory_2023.pdf

　データや分析が不十分なまま、やむ得ず「とりあえず定率削減目標」で始めざるを得ない場合にしても、年率▲１％では、かなり難易度の低い目標になる可能性が高い。上記の各種数値を参考にして設定するとよいだろう。

(5)　どこをどれだけ削減するか：排出量の内訳分析
　本来的には、「とりあえず定率削減目標」ではなく、算定した排出量の内訳に基づいて排出削減のターゲットを明確化し、根拠のある目標設定に取り組むことが必要である（【図表３－１－11】）。
　・エネルギー種別（電気、ガソリン、軽油、都市ガス等々）
　・用途別（照明・OA機器、空調、熱源、動力、輸送等々）
　・拠点別（本社、支社・支店・営業所、工場、倉庫等々）

大掃除で大きなものから片付けはじめるのと同じで、排出削減においても、排出割合の大きい排出源から削減に取り組むのが合理的であり、初期成果を大きくしやすくなる。

　なお、工場の場合、工場内での用途別、あるいは設備別の電力使用量を把握するのが難しいことがある。そうした場合は、専門家による省エネルギー診断を受けたり、電力計を設置するなどして推定・計測することで、より効果的な対策の立案と削減量の見積を行えるようになる。

【図表3-1-11】排出量内訳のイメージ

2　SBTについて

(1)　SBTの概要・組織・手続・要件

　SBT（Science Based Targets）とは、パリ協定が求める水準と整合した、申請時から5年〜10年先を目標年として企業が設定する、温室効果ガス排出削減目標のことである（【図表3-1-12】）。

【図表3－1－12】SBTの基準年と直近年、目標年のイメージ

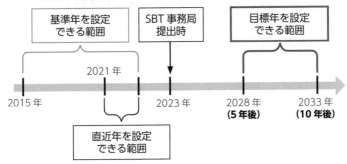

出典：環境省・ベイカレント・コンサルティング「SBT（Science Based Targets）について」103頁
https://www.env.go.jp/earth/ondanka/supply_chain/gvc/files/SBT_syousai_all_20250131.pdf

なお、SBTは、CDP・UNGC・WRI・WWFの4つの機関が共同で運営している（【図表3－1－13】参照）。

【図表3－1－13】SBT運営機関

組織	概要
CDP	●企業の気候変動、水、森林に関する世界最大の情報開示プログラムを運営する英国で設立された国際NGO。 ●世界23,000社の環境データを有するCDPデータは740超の機関投資家のESG投資における基礎データとしての地位を確立（2024年3月時点）。
国連グローバルコンパクト(UNGC)	●参加企業・団体に「人権」「労働」「環境」「腐敗防止」の4分野で、本質的な価値観を容認し、支持し、実行に移すことを求めているイニシアティブ。 ●1999年に当時の国連事務総長が提唱し、現事務総長のアントニオ・グテーレスも支持。現在約2万4000の企業・団体が加盟（日本は597の企業・団体が加盟（2024年3月時点））。
世界資源研究所(WRI)	●気候、エネルギー、食料、森林、水等の自然資源の持続可能性について調査・研究を行う国際的なシンクタンク。 ●「GHGプロトコル」の共催団体の一つとして、国際的なGHG排出量算定基準の作成などにも取組む。
世界自然保護基金(WWF)	●生物多様性の保全、再生可能な資源利用、環境汚染と浪費的な消費の削減を使命とし、世界約100カ国以上で活動する環境保全団体。

出典：環境省・ベイカレント・コンサルティング「SBT（Science Based Targets）について」9頁
https://www.env.go.jp/earth/ondanka/supply_chain/gvc/files/SBT_syousai_all_20250131.pdf

スコープ1・2の目標は、世界の気温上昇を産業革命以前と比較して

1.5℃以内に抑える水準でなければならず、具体的には少なくとも毎年4.2％以上の削減率が求められる。また、スコープ３の目標は、世界の気温上昇を産業革命以前と比較して２℃を十分に下回る水準に抑える削減目標を設定しなければならず、具体的には少なくとも毎年2.5％以上の削減率が求められる（【図表３－１－14】）。

なお、4.2％／年という削減率を不変とすると、目標年を固定した場合には基準年（および直近年）を先に延ばすほど、目標達成に必要な削減量を少なくすることができる。これを避けるため、SBTでは2021年以降を基準年とした場合には、2020年を基準年とした場合と同等の削減が求められる。

【図表３－１－14】SBTの基本的な削減経路

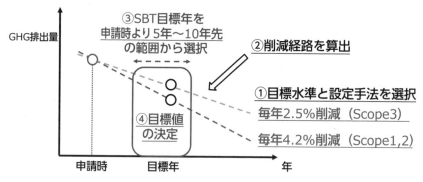

出典：環境省・ベイカレント・コンサルティング「SBT（Science Based Targets）について」88頁
https://www.env.go.jp/earth/ondanka/supply_chain/gvc/files/SBT_syousai_all_20250131.pdf

SBTへのコミットとは、２年以内にSBT設定を行うという宣言書（コミットメントレター）をSBT事務局に提出することである。その後、SBT事務局に目標認定申請を行い、妥当性確認（有料）を受けて認定されるとSBT等のWEBサイトで公表される。

SBTの対象となるのは企業全体（親会社単体または子会社を含むグループ全体）のスコープ１・２排出量である。また、スコープ１＋２＋３排出量合計の40％以上に達する場合、スコープ３排出量についても目

標設定が必須となる。

　他者のクレジット(排出権)の取得による削減(カーボンオフセット)は、企業のSBT達成のための削減に算入できない点に注意が必要である。

　また、削減貢献量(従来使用されていた製品・サービスを自社製品・サービスで代替することによる、サプライチェーン上の「削減量」)についても、その企業自身の削減量そのものではないため、目標設定に算入することはできない。

　SBT認定の要件には通常版と中小企業版があり、中小企業版では目標年を一律2030年、スコープ１・２排出量を対象とし、認定費用も割安となっている(【図表３－１－15】)。

【図表３－１－15】中小企業向けSBT

	中小企業向けSBT (2024年1月1日以降)	＜参考＞通常SBT
対象	下表に示す要件を満たす企業	特になし
目標年	2030年	公式申請年から、5年以上先、10年以内の任意年
基準年	2015年〜2023年から選択	最新のデータが得られる年での設定を推奨
削減対象範囲	Scope1,2排出量	Scope1,2,3排出量。但し、Scope3がScope1〜3の合計の40%を超えない場合には、Scope3目標設定の必要は無し
目標レベル	■Scope1,2 1.5℃：少なくとも年4.2%削減 ■Scope3 算定・削減（特定の基準値はなし）	下記水準を超える削減目標を任意に設定 ■Scope1,2 1.5℃：少なくとも年4.2%削減 ■Scope3 Well below 2℃：少なくとも年2.5%削減
費用	1回USD1,250(外税)	目標妥当性確認サービスはUSD11,000(外税)（最大2回の目標評価を受けられる） 以降の目標再提出は、1回USD5,500(外税)
承認までのプロセス	目標提出後、デューデリジェンスが行われる	目標提出後、事務局による審査（最大30営業日）が行われる 事務局からの質問が送られる場合もある

[出所]　SBTi SME Target setting System (https://form.jotform.com/targets/sme-target-validation)より作成

対象となる中小企業が満たすべき要件	
必須要件	下記の5項目をすべて満たさなければならない 1. Scope1 とロケーション基準の Scope2 の排出量合計が 10,000tCO$_2$e 未満であること 2. 海運船舶を所有または支配していないこと 3. 再エネ以外の発電資産を所有または支配していないこと 4. 金融機関セクターまたは石油・ガスセクターに分類されていないこと 5. 親会社の事業が、通常版のSBTに該当しないこと
追加要件	上記の必須要件5項目に加え、**以下の4項目のうち3項目以上を満たさなければならない** 1. 従業員が250人未満であること * 2. 売上高が5,000万ユーロ未満であること ** 3. 総資産が2,500万ユーロ未満であること ** 4. 森林、土地および農業 (FLAG) セクターに分類されないこと

* 組織が雇用する全ての従業員数。パートタイマーの従業員を含む
** 申請を行う事業者が、新たな要件に準拠しているかの確認を行うために、収益と資産額を確認できる財務諸表の提出が必要

出典:環境省「SBT (Science Based Targets) について」121-122 頁
https://www.env.go.jp/earth/ondanka/supply_chain/gvc/files/SBT_syousai_all_20250131.pdf

(2) SBTへの取組み状況

　2024年3月時点で、世界全体のSBT認定企業は4,779社、コミット中の企業(2年以内に認証取得を宣言)は2,926社である(【図表3-1-16】)。

　同じく、日本のSBT認定企業は904社(世界全体の18.9%)、コミット中の企業は84社(世界全体の2.9%)である。また、SBT認定904社中704社(77.9%)が、中小企業版SBTの認定を受けた中小企業である(【図表3-1-17】)。

【図表3－1－16】SBT参加企業の推移（世界）（2024年3月1日時点）

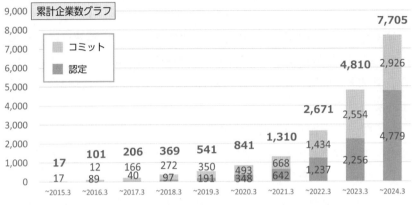

※コミットとは、2年以内にSBT認定を取得すると宣言すること

[出所]Science Based Targetsホームページ Companies Take Action(http://sciencebasedtargets.org/companies-taking-action/)より作成

出典：環境省「SBT（Science Based Targets）について」42頁
https://www.env.go.jp/earth/ondanka/supply_chain/gvc/files/SBT_syousai_all_20250131.pdf

【図表3－1－17】SBT参加企業の推移（日本）（2024年3月1日時点）

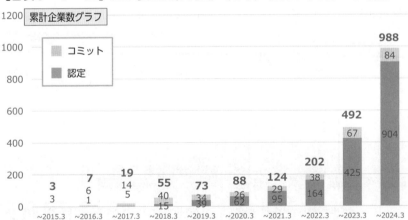

[出所]Science Based Targetsホームページ Companies Take Action(http://sciencebasedtargets.org/companies-taking-action/)より作成

出典：環境省「SBT（Science Based Targets）について」43頁
https://www.env.go.jp/earth/ondanka/supply_chain/gvc/files/SBT_syousai_all_20250131.pdf

(3) SBT Net-Zero

SBT Net-Zeroは、5〜10年先までの期間においては1.5℃水準（スコープ1・2：年率▲4.2%、スコープ3：年率▲2.5%）の削減目標（Near-term SBT）を設定し、さらにその先、2050年までにスコープ1・2・3合計で90%の削減目標（Long-term SBT）を設定する2段構えの枠組みである。

加えて、残る10%分（残余排出量）についても、炭素除去と釣り合わせて実質ゼロ（カーボンニュートラル）を実現することが求められる（【図表3－1－18・19】）。

通常のSBT認定よりも相当にハードルの高い要件であるが、2024年3月1日時点で、SBT Net-Zero認定取得済の企業は世界で720社、うち日本企業は30社（4.2%）となっており、2年以内のSBT Net-Zero認定にコミットしている企業は世界で2,111社、うち日本企業は63社（3.0%）となっている。

【図表3－1－18】SBT Net-Zero（Long-termSBT）の削減経路

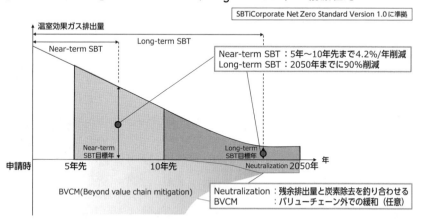

[出所]SBTi Corporate Net-Zero Standard Version 1.0(https://sciencebasedtargets.org/resources/files/Net-Zero-Standard.pdf)より作成
出典：環境省・ベイカレント・コンサルティング「SBT（Science Based Targets）について」125頁
https://www.env.go.jp/earth/ondanka/supply_chain/gvc/files/SBT_syousai_all_20250131.pdf

【図表3-1-19】SBT Net-Zero (Long-termSBT) の要件

	Near-term SBT	Long-term SBT	対象
総量削減	セクター共通の削減経路は以下の通り ・Scope1+2：4.2%/年削減 ・Scope3：2.5%/年削減	セクター共通の削減経路は以下の通り ・Scope1+2+3：90%削減 セクター固有の削減経路は以下の通り ・FLAG注1：Scope1+2+3を80%削減 ・セメント、鉄鋼、建物：Scope1+2+3を90%以上削減 ※その他セクターを追加予定	Scope1,2,3 ※デフォルトの選択肢
物理的原単位収束	セクター、商品別の削減経路に沿って削減 (SDA(Sectoral Decarbonization Approach)を参照)	セクター、商品別の削減経路に沿って削減	Scope1,2,3 ※多排出のセクター及びFLAGセクターで一般的に利用される
再エネ電力	・2025年までに再エネ率85% ・2030年までに再エネ率100% ※再エネ電力証書もしくはバーチャルPPAを利用して達成	・2030年までに再エネ率100% ※再エネ電力証書もしくはバーチャルPPAを利用して達成	Scope2
エンゲージメント	サプライヤーもしくは顧客に、Well-Below 2℃水準以上のSBTを設定させる	該当なし	Scope3 ※Near-termのみ
経済的原単位	年率最低7%、付加価値当たりで削減	97%削減	Scope3のみ
物理的原単位	年率最低7%、企業で定めた物理量当たりで削減	97%削減	Scope3のみ

注1：林業 (Forestry)、土地利用 (Land-use)、農業 (AGriculture) セクターのこと
[出所]SBTi Corporate Net-Zero Standard Version 1.0(https://sciencebasedtargets.org/resources/files/Net-Zero-Standard.pdf)より作成

出典：環境省・ベイカレント・コンサルティング「SBT (Science Based Targets) について」126頁
https://www.env.go.jp/earth/ondanka/supply_chain/gvc/files/SBT_syousai_all_20250131.pdf

2 スコープ1・2排出量の代表的な削減方法

1 排出削減の考え方

(1) 全体像

　CO_2排出量は、活動量×CO_2排出係数の「掛け算」で算定する。一方CO_2排出削減対策は、活動量を減らすか、CO_2排出係数を小さくするか、その両方を同時に実施するかの「引き算」となる。対策された後のCO_2排出量は『「引き算」された活動量』×『「引き算」されたCO_2排出係数』の「掛け算」となる（【図表3-2-1】）。

【図表3-2-1】何を減らすか？

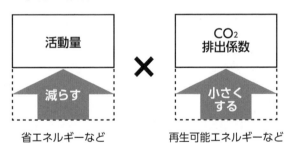

　活動量を減らす対策の代表例が、省エネルギーである。CO_2排出係数が同じでも、エネルギー消費量が減れば「掛け算」の結果は小さくなる。

　一方、CO_2排出係数を減らす対策の代表例が、再生可能エネルギーの導入である。活動量（エネルギー使用量）が同じでも、CO_2排出係数が小さくなれば「掛け算」の結果は小さくなる（再生可能エネルギー導入の場合はCO_2排出係数ゼロ）。

活動量とCO_2排出係数の両方を減らすことができれば、もっとも効果的である。
　また、排出削減対策には、お金がかからないものと、お金がかかるものがある。
　お金がかからない対策が「①運用改善」である。設備・環境条件は同じままで、働く人の行動やルールを変えることでエネルギー消費量（活動量）を減らすイメージである。
　お金を払う対象を変えるのが、「②調達対策」である。通常の小売電気事業者から、再生可能エネルギーで発電した電力（再エネ電力）を供給する小売電気事業者に調達策を切り替えることで、CO_2排出係数を減らす（全量切り替えならゼロになる）イメージである。同じ小売電気事業者の再エネ電力メニューに切り替えるのも同じである。再エネ電力への切り替えであれば基本的には初期費用はかからず、ランニングコスト（月々支払う電気代）は電力契約次第で増えることも減ることもある。
　お金がかかる対策の代表例が「③設備対策」である。老朽化した生産設備を最新鋭の省エネ型のものに切り替えれば省エネ、太陽光発電パネルを設置すれば再エネ、蓄電池を導入すれば蓄エネである。重油炊きボイラを都市ガスボイラに切り替えれば燃料転換である。初期費用もランニングコストもかかるので、費用対効果の分析が重要であり、また、費用負担を減らす対策も重要である。
　もう1つ、お金がかかる対策が「④オフセット」（カーボンオフセットともいう）である。省エネ・再エネ・蓄エネ対策を講じても残る排出量（残存排出量）を、他者から排出権（クレジット）を買うことで埋め合わせる取組みである。文字通り、空気を買っているようなものである。
　最後に、CO_2を大気中から除去する「⑤炭素除去」という取組みも、今後実用化されてくると排出削減対策の選択肢に入ってくる。これもお金がかかる対策になるだろう。
　以上をまとめたイメージ図が【図表3-2-2】である。

【図表3−2−2】排出削減対策のイメージ

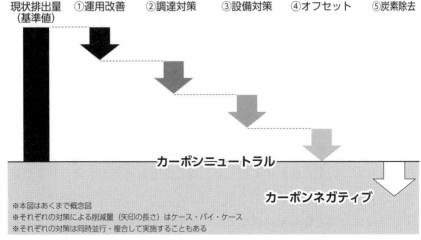

出典：有限会社サステイナブル・デザイン

　また、活動量を減らしたり排出係数を小さくする手法という観点でみると、省エネルギー、再生可能エネルギー、蓄エネルギー、燃料転換、クレジット・証書、吸収・回収といった分類ができる（【図表3−2−3】）。
　実際の排出削減は、事業活動の実態・特性や費用負担能力に応じて、これらを組み合わせて立案・実行していくこととなる。

【図表3−2−3】排出削減対策の体系

削減手法 \ 分類	①運用改善	②調達対策	③設備対策	④オフセット	⑤炭素除去
省エネルギー	○	○	○		
再生可能エネルギー	＊	○	○		
燃料転換	＊	＊	○		
蓄エネルギー	＊	＊	○		
建物全体の脱炭素化	＊	＊	○		
クレジット・証書				○	
吸収・回収					○

＊　再生可能エネルギー／蓄エネルギー／燃料転換のための調達対策・設備対策実施に伴って、従来と異なる運用・管理・保守点検や調達の変更等が必要になる可能性がある。

出典：有限会社サステイナブル・デザイン

2　排出量削減の代表的な手法

(1) 運用改善

　「運用改善」は、同じ設備・環境条件下で、働く人の行動やルールを変えて活動量（エネルギー消費量）を減らすことで、スコープ１・２排出量を削減する対策である。

　直接経費という意味では基本的にお金がかからない対策だが、エアコンの清掃等、多少の出費を伴う取組みも含めることとする。

　ただ、直接経費がかからないといっても、職場でのルールを決めたり守ったりするのはそこで働く人であり、一筋縄ではいかない面もある。

　例えば、空調のスイッチの横に「夏は28℃設定」と張り紙をしておいても、全員が常に守るわけではないし、外気温が35℃以上の猛暑日のようなときには、28℃設定では室内温度が30℃を超えてしまうこともある。空調の吹出口との位置関係や事務所内の什器の配置等の要因により、同じ空調設置でも「暑い・寒い」問題が生じる。

　「運用改善」のルール設定にあたっては、省エネだけでなく、職場の快適性・生産性・人間関係等の要因も考慮しながら、それぞれの組織に合ったやり方を模索し、合意形成していくことが重要である。

　また、空調機器をはじめとするエネルギー仕様設備機器の設定や清掃、点検などの適正管理も重要である。

　エコアクション21ガイドラインの「別表　環境への取組の自己チェック表」には、中小企業が取り組めそうな環境活動が延べ240種類ほど網羅的にリストアップされている。その中から、脱炭素に資すると思われるものを抽出したので参考にされたい（【図表３－２－４】）。

【図表3-2-4】運用改善に係るチェックリスト

①エネルギーの効率的利用および日常的なエネルギーの節約
事務室、工場などの照明は、昼休み、残業時など、不必要な時は消灯している
ロッカー室や倉庫、使用頻度が低いトイレなど、照明は普段は消灯し、使用時のみ点灯している
パソコン、コピー機などのOA機器は、省電力設定にしている
夜間、休日は、パソコン、プリンターなどの主電源を切っている
エレベーターの使用を控え、階段を使用している
空調の適温化(冷房28℃程度、暖房20℃程度)を徹底している
使用していない部屋の空調を停止している
ブラインドやカーテンの利用などにより、熱の出入りを調節している
夏季における軽装(クールビズ)、冬季における重ね着(ウォームビズ)など服装の工夫をして、冷暖房の使用を抑えている
緑のカーテンを設置している
すだれや庇の取り付けで窓からの日射の侵入を防いでいる
屋外機の冷却対策(よしず、日陰、散水など)をしている
窓に断熱シート(プチプチマットなど)を貼付け、熱のロスを防いでいる
屋上に野菜などを植えて屋上緑化をしている
空調を必要な区域や時間に限定して使用している
人感センサー、照度センサー等による管理を行っている
間引き照明を実施している
<製造工程>工程間の仕掛かり削減、ラインの並列化や部分統合などにより生産工程の待機時間を短縮している
<製造工程>前処理、前加工、予熱などを合理化することにより生産工程の時間を短縮している
ピークシフトを実施している
②設備機器などの適正管理
空調機のフィルターの定期的な清掃・交換など、適正に管理している
冷暖房終了時間前に熱源機を停止し、装置内の熱を有効利用している(予冷や予熱時には外気の取り入れをしていない)
照明器具については、定期的な清掃、交換を行うなど、適正に管理している
エレベーターの夜間、休日の部分的停止などを行っている
熱源機器(冷凍機、ボイラーなど)の冷水・温水出口温度の設定や定期点検など、適正に管理している
窓の開閉などにより外気取り入れ量を調整して室温を調節している
冬季以外は給湯を停止している
共用のコンピューターなどの電源については、管理担当者や使用上のルールを決めるなど、適正に管理している
デマンド監視を実施している
空調:外気浸入による熱損失を防ぐ処置をしている
空調:外気利用などで効率の良い運転をしている

出典:エコアクション21中央事務局HP「ガイドライン2017年版」別表環境への取組の自己チェック表ver.1.1をもとに作成
https://www.ea21.jp/ea21/guideline/

(2) 調達対策

① 省エネ機器等のグリーン購入

グリーン購入とは、「製品やサービスを購入する際に、環境を考慮して、必要性をよく考え、環境への負荷ができるだけ少ないものを選んで購入すること」(注1)をいう。

国等による環境物品等の調達の推進等に関する法律(グリーン購入法)に基づいて、国は義務として、地方公共団体は努力義務として、民間企業等は一般的責務として、それぞれグリーン購入に取り組むこととされている。

中小企業におけるグリーン購入の対象としてすぐに思い浮かぶのは文房具やコピー用紙等の消耗品、机・椅子・棚といった什器類、パソコンや複合機等のOA機器等である。

脱炭素の観点からは、空調設備、給湯機器、OA機器、家電製品、エアコン、照明などの新規購入や入替えの際に、同等・類似品と比べて省エネルギー性能に優れた製品を選べば、電力消費量の抑制を通じてスコープ2排出量の削減につながる。

同様に、車両の新規購入や入替えの際に、電気自動車、燃料電池自動車、プラグインハイブリッド自動車、ハイブリッド自動車等を選べば、燃料消費量の抑制を通じてスコープ1排出量の削減につながる。

グリーン購入の対象となる具体的な製品・サービスは多岐にわたるため、【図表3-2-5】の情報源等を参照するとよい。

【図表3-2-5】グリーン購入情報源

情報源	概要
環境省 「グリーン購入の調達者の手引き」(注2)	国等のグリーン購入の対象となる製品・サービス(特定調達品目)の定義(判断の基準)の解説
グリーン購入ネットワーク(GPN) 「エコ商品ねっと」(注3)	グリーン購入法適合品その他のグリーン製品・サービスを検索できるデータベース
公益財団法人日本環境協会エコマーク事務局 「エコマーク商品検索」(注4)	エコマークの商品類型またはグリーン購入法の特定調達品目ごとに登録された商品を検索できるデータベース

出典:有限会社サステイナブル・デザイン

② 再エネ電力契約

　再エネ電力とは、太陽光・風力・水力・地熱・バイオマス等、再生可能エネルギーにより発電された電力である。電力契約を小売電気事業者の再エネ電力メニューに切り替えることで、使用している電力のCO_2排出係数を低減またはゼロにし、スコープ２排出量を削減することができる。

　環境省の令和６年度提出用電気事業者別排出係数一覧表（執筆時点では2023年12月22日追加・更新版が最新）には、小売電気事業者566社・199メニュー（「（参考値）事業者全体」を除く）が掲載されており、そのうち208社・331メニューが排出係数ゼロである。

　これらのメニューに切り替えた場合、電力使用量に関わらず、当該契約に基づいて供給された電力に関しては排出係数ゼロなので、排出量ゼロとなる（排出係数ゼロではなくても、一定程度の割合で再生可能エネルギー電力を供給しており、通常の電力契約よりも排出係数が低くなっているメニューもある）。

　ただし、2022 〜 2023年にかけて、新電力会社による電力事業の契約停止（新規申し込み停止を含む）や撤退、倒産や廃業が相次いだ。供給は継続されたものの、電力会社の調達する卸電力価格が高騰した分が、需要家への販売価格に転嫁され、同じ使用量でも電力料金が跳ね上がる事例が発生した。

　再エネ電力契約への切り替えにあたっては、約款の内容や、小売電気事業者の再エネ電力調達方法などを慎重に精査する必要がある。

【図表３－２－６】再エネ100宣言 RE Action と再エネ電力の導入方法

　再エネ100宣言 RE Action とは、「企業、自治体、教育機関、医療機関等の団体が使用電力を100％再生可能エネルギーに転換する意思と行動を示し、再エネ100％利用を促進する枠組み」である。運営は一般社団法人再エネ100宣言 RE Action 協議会が担っている。
　こうしたイニシアティブとしてはRE100があるが、年間消費電力量が

50GWh以上等と大企業向けの枠組みであるため、中小企業等向けの日本独自のイニシアティブとして発足したものである。

参加企業には、遅くとも2050年までに使用電力を100％再エネに転換する目標を設定し、対外的に公表するとともに、消費電力量・再エネ率等の進捗を毎年報告すること等が求められる。2025年2月10日時点で392団体が参加しており、そのうち96団体がすでに再エネ電力100％を達成している（再エネ100宣言RE Action参加団体一覧（2025.2.10時点））。

再エネ100を達成する方法は、再エネ電力契約だけではなく、太陽光発電パネル等の再生可能エネルギー設備を自ら保有したり、一定の条件を満たす再エネ証書を購入することも認められている。

出典：再エネ100宣言RE Action
https://saiene.jp/

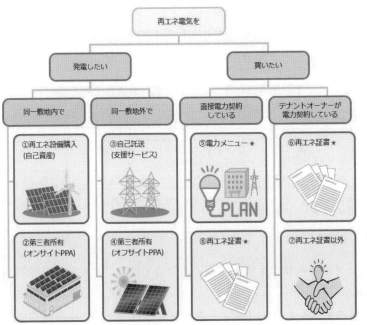

再エネ電力の導入方法

出典：再エネ100宣言RE Action HP「よくある質問8. 再エネ100宣言RE Actionの枠組みで再エネとして計上できる取り組みについて教えてください」参考資料1頁をもとに作成
https://saiene.jp/wp-content/uploads/2024/07/REActionCriteria20240703.pdf

③ バイオ燃料

　車両に使用する軽油・ガソリンに、バイオ燃料を混合することもスコープ１排出量削減策の選択肢となり得る（CO_2排出係数の低減）。

　ただし、バイオ燃料を自動車燃料として使用する場合、揮発油等の品質の確保等に関する法律（「品確法」）に基づいて、ガソリン・軽油にバイオ燃料を混合する事業者（自家消費の場合も含む）に事業者登録と品質確認が義務付けられている。

　バイオ燃料の利用にあたっては、品確法に定めるガソリン・軽油の品質規格（強制規格）を遵守する必要がある（【図表３－２－７】）。

　なお、資源エネルギー庁は2024年11月に「自動車用燃料（ガソリン）へのバイオエタノール導入拡大に向けた方針（案）」(注5)で、2030年度までに最大濃度10％の低炭素ガソリンの供給開始、2030年代のできるだけ早期に乗用車の新車販売におけるE20対応車の比率を100％とすることを目指すことを明らかにした。

【図表３－２－７】品確法に基づくバイオ燃料の混合上限

燃料	混和対象物	混合上限
ガソリン	エタノール	3体積％以下（いわゆる「E3」）
	ETBE（エチル・ターシャリ・ブチルエーテル）	約8.3質量％以下
軽油	脂肪酸メチルエステル	5質量％以下（いわゆる「B5」）

出典：資源エネルギー庁「バイオ燃料とガソリン・軽油を自動車用に混合する方へ -改正揮発油等の品質の確保等に関する法律のご案内-」をもとに作成
https://www.enecho.meti.go.jp/category/resources_and_fuel/distribution/hinnkakuhou/data/cont2-3_pamphlet.pdf

　バイオ燃料の使用を検討するにあたっては、下記資料等を参照するとよい。

・資源エネルギー庁「バイオ燃料とガソリン・軽油を自動車用に混合する方へ　－改正揮発油等の品質の確保等に関する法律のご案内－」(注6)
・国土交通省「高濃度バイオディーゼル燃料等の使用による車両不具

合等防止のためのガイドライン」、「高濃度バイオディーゼル燃料等を使用される皆様へ」、「廃食用油燃料－安心して車を使用するために」(注7)

・一般社団法人日本建設業協会「建設業における軽油代替燃料利用ガイドライン（2022年6月15日 Rev.4.0）」

今後、発生源施設等から回収されたCO_2と再生可能エネルギーを使用して作られた水素から製造される合成燃料（e-fuel）の実用化が期待される（【図表3－2－8】）。既存のエンジンでそのまま使用できるというメリットがあるが、現時点では合成燃料の製造技術の確立とコスト削減に課題があり、将来的な選択肢として位置付けられる。

【図表3－2－8】合成燃料（e-fuel）

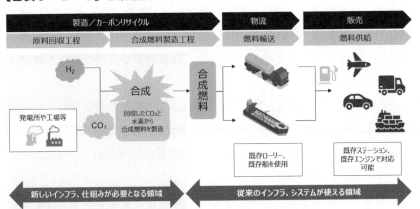

出典：資源エネルギー庁HP「エンジン車でも脱炭素？グリーンな液体燃料『合成燃料』とは」より
https://www.enecho.meti.go.jp/about/special/johoteikyo/gosei_nenryo.html

(3) 設備対策

① 省エネ型設備

製造業における生産工場等のエネルギー消費量は、通常、本社・管理・営業等のオフィスにおけるエネルギー消費量よりも大きく、その分だけ省エネに成功した場合の効果も大きい。また、オフィス用途においても自社ビルの場合には空調・熱源・照明等さまざまなエネルギー使用設備

がある。

　工場の生産設備や自社ビルのエネルギー使用設備の老朽化・更新に際し、エネルギー効率の高いタイプの機種を選定することで、スコープ1・2排出量の恒常的な削減を図ることができる。

　どのような設備を導入すればよいかは、基本的には工場・ビル等によりケース・バイ・ケースとなる。運用改善の実施やグリーン購入の範疇での省エネ設備機器の導入に比べて、必要な投資額も大きくなるため、省エネ効果だけでなく、投資回収をしっかりとシミュレーションすることが重要である。

　投資回収年数を短縮する上で、補助金や税制の活用は有効である。

　ただし、補助金（補助事業）は国や地方公共団体の予算により決定されるため、毎年度同じものがあるとは限らない（新設、廃止がある）。また、同じ名称の補助金（補助事業）であっても、対象事業の要件や補助対象経費の細目が異なることがあるので、必ず公募要領で詳細な規定を確認する必要がある。

　一方、省エネ・再エネ・蓄エネ・燃料転換等の設備投資計画は一朝一夕で作れるものではなく、省エネ診断・現地調査・比較検討・脱炭素効果の定量化・見積取得（通常は相見積）・計画書作成・資金繰りシミュレーション等の検討が必要である。

　公募要領が公表されてからの準備では間に合わなくなる可能性が高いため、前年度の公募要領等を参考に、先行してできることから着手し準備を始めることが必要である。国の補助金を活用する場合に通常想定される準備スケジュールのイメージを【図表3-2-9】に示したので参考にされたい。

【図表3-2-9】国の補助金活用を想定した準備のイメージ

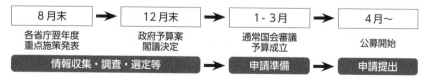

税制については、事業適応計画（産業競争力強化法）によるカーボンニュートラルに向けた投資促進税制（注8）の活用（【図表3－2－10】）、経営力向上計画（経営強化法）による中小企業経営強化税制（注9）の活用などが考えられる。

省エネ型かつ性能的にすぐれた生産設備を導入することで、生産工程等の脱炭素化と付加価値向上を両立することができれば、一石二鳥である。

【図表3－2－10】生産工程等の脱炭素化と付加価値向上を両立する設備導入（カーボンニュートラル投資促進税制）のイメージ

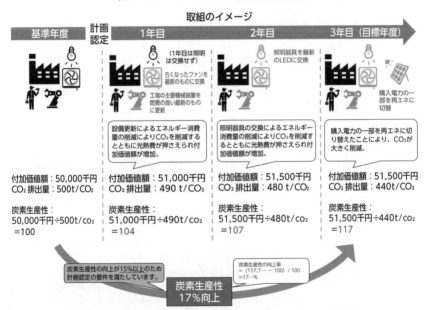

出典：経済産業省「エネルギー利用環境負荷低減事業適応計画（カーボンニュートラルに向けた投資促進税制）の申請方法・審査のポイント」3頁
https://www.meti.go.jp/policy/economy/kyosoryoku_kyoka/cnpoint.pdf

② 再エネ設備

再生可能エネルギー発電設備を導入し、そこから電力を調達することで購入電力量を削減し、その分だけスコープ2排出量を削減することが

できる。

　ただし、事業所の電力需要すべてを再エネ設備でまかなえるとは限らず、費用対効果についても精査する必要がある。また、建物屋根に設置しようとする場合、屋根の強度が足りない、発電設備の耐用年数よりも前に建物自体を取り壊す可能性がある、などの理由で導入に至らないケースも少なくない。

　中小企業が導入する再生可能エネルギー発電設備の代表例は太陽光発電である。太陽光発電導入の方法は、自社が設備・工事費用を負担し管理運営を行う以外にも、いくつかの方法がある（【図表3－2－11】）。

【図表3－2－11】太陽光発電の導入方式

導入場所	導入方式	概要
敷地内	購入方式	企業が、所有する事業所の建物屋根（敷地内）に太陽光発電設備の設置・維持管理を行い、発電電力量を同事業所内で自家消費する仕組み（敷地内の空き地の利用も考えられる）
	リース方式	リース事業者が、需要家の事業所の建物屋根（敷地内）に太陽光発電設備の設置を行う。需要家はリース事業者に対して月々のリース料を支払う仕組み
	PPA方式	発電事業者が、需要家の建物屋根に太陽光発電設備を設置し、所有・維持管理をした上で、発電した電気を需要家に供給する仕組み（維持管理は需要家が行う場合もある）
敷地外	自営線方式	需要家又は発電事業者が、電力需要施設の敷地外に太陽光発電を設置し、そこで発電した電力量を電力系統とは別に送電線（いわゆる"自営線"）を整備して、同事業所に供給・消費する仕組み
	自己託送方式	需要家又は発電事業者が、電力需要施設の敷地外において太陽光発電を設置し、そこで発電した電力量を電力系統を経由（いわゆる"自己託送制度"）して、同事業所に供給・消費する仕組み
	間接型オフサイトコーポレートPPA方式	発電事業者が発電した電力を特定の需要家に供給することを約束し、対象となる発電設備が電力需要施設と離れた場所に設置された場合に、小売電気事業者を介してその需要家に電力を供給する契約方式

出典：環境省「はじめての再エネ活用ガイド（企業向け）」（2024年1月）を参考に作成
https://www.env.go.jp/content/000194869.pdf

最近注目され導入例が増えているのがPPAという方式である。PPA（Power Purchase Agreement）とは電力販売契約という意味で第三者モデルとも呼ばれており、企業・自治体が保有する施設の屋根や遊休地を事業者が借り、無償で発電設備を設置し、発電した電気を企業・自治体が施設で使うことで、電気料金とCO_2排出削減を実現する仕組みである(注10)（【図表3－2－12】）。

設備は第三者が所有する形となり、初期費用は不要で、資産保有をすることなく再エネ利用が実現できる。需要家が実際に電気を使用する場所（工場・オフィス等）の屋根や敷地内に設置する場合はオンサイト型、離れた場所に設置する場合はオフサイト型となる。

【図表3－2－12】PPA方式の概要

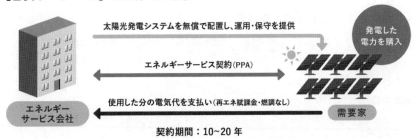

出典：環境省再エネスタートHP「再生可能エネルギー導入方法　PPAモデル」
https://ondankataisaku.env.go.jp/re-start/howto/03/

再エネ設備の導入を検討するにあたっては、下記資料等を参照するとよい。
・環境省「はじめての再エネ活用ガイド（企業向け）」（2024年1月）(注11)
・資源エネルギー庁HP「再エネガイドブックweb版」(注12)（再生可能エネルギー事業支援ガイドブック）「再生可能エネルギー事業事例集」）

③　蓄エネ設備

　再生可能エネルギーは気象条件によって発電量が左右され、安定した電力供給が難しいことに加え、電力需要は昼間がピーク、夜間がボトム（最小）であることや、季節によって変動する特徴がある。そこで、発電した電力を必要なときに備えて貯めることができる電力貯蔵技術と組み合わせることで、電力供給システムの安定性を高めることができるとされる(注13)（【図表3-2-13】）。

　企業にとっては、再エネ電力の導入と同時に蓄電池を導入することで、ピーク時電力を一部カットするなど購入電力量を抑制したり、余剰電力を蓄電し緊急時に備えるBCP（事業継続計画）の観点からも一定の有用性を見込むことができる。

【図表3-2-13】蓄電池の用途

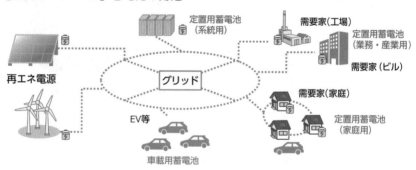

出典：経済産業省2023年12月22日ニュースリリース「GX実現に向けた投資促進策を具体化する『分野別投資戦略』を取りまとめました　分野別投資戦略参考資料（蓄電池）」2頁
https://www.meti.go.jp/press/2023/12/20231222005/20231222005-06.pdf

④　建物全体の脱炭素化

　様々な省エネ・再エネ・蓄エネの取組みを組み合わせて、建物全体としての脱炭素をめざす考え方をNet Zero Energy Building（ネット・ゼロ・エネルギー・ビル）、略してZEBと呼ぶ（住宅の場合はBuildingをHouseに置き換えてZEH）（【図表3-2-14】）。

【図表3-2-14】ZEBの考え方

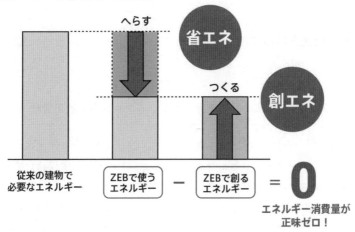

出典:環境省(ZEB PORTAL(ゼブ・ポータル))HP「ZEBとは?1. ZEBとは?」
https://www.env.go.jp/earth/zeb/about/index.html

　2022年の建築物のエネルギー消費性能の向上に関する法律(建築物省エネ法)改正(注14)により、2025年4月以降に着工する、原則すべての新築住宅・新築非住宅に省エネルギー基準適合義務が課せられることとなった。修繕・模様替え(いわゆるリフォーム・改修)は対象外だが、増改築の場合には、増改築を行った部分が省エネ基準に適合する必要がある(現行法では建物全体で適合義務)。また、2030年度以降新築される住宅・建築物について、ZEH・ZEB基準の水準の省エネルギー性能の確保を目指した省エネルギー基準の引上げ等も予定されている。

　今後、事業用建物を新築または増改築する予定・計画がある企業は、改正建築物省エネ法に適合した建築計画を立てなければならない。

　改正建築物省エネ法対応・ZEB化改修等を検討するにあたっては、下記資料等を参照するとよい。

・国土交通省「建築基準法・建築物省エネ法改正法制度説明資料」(2023年11月)(注15)

・環境省「ZEB PORTAL(ゼブ・ポータル)」HP(注16)

- 一般社団法人環境共創イニシアチブHP「ZEB設計ガイドライン」(注17)
- 一般社団法人環境共創イニシアチブHP「ZEBプランナー一覧」(注18)

【図表3－2－15】冷媒として使用されているフロン類の適正管理

　一般にフロンガスと呼ばれる物質のうち、CFC（クロロフルオロカーボン）、HCFC（ハイドロクロロフルオロカーボン）はオゾン層保護対策として生産・消費が規制されているが、温室効果も大きい物質である。また、HFC（ハイドロフルオロカーボン、代替フロン）はオゾン層を破壊しないためCFC、HCFCの代替品として転換が進んできたが、CO_2の100倍から10,000倍以上の強力な温室効果がある。

　このため、冷媒としてこれらフロン類を使用している業務用のエアコン・冷凍冷蔵機器については、フロン排出抑制法により、その管理者（原則として所有者）に、機器の点検や漏洩防止、廃棄時のフロン回収の委託等の義務が課せられている。

使用時・整備発注時

1.「管理者の判断基準」の遵守（管理者）

簡易点検

定期点検

記録の作成・保存　　等

2. フロン類算定漏えい量の報告（管理者）

充塡・回収情報の集計　▶　漏えい量の算定　▶　報告

3. 整備時におけるフロン類の充塡及び回収の委託（管理者、整備者）

・第一種フロン類充塡回収業者への委託等
・整備発注時の管理者名の確実な伝達　　　等

廃棄時等

第一種特定製品の廃棄時等に取り組む内容（廃棄等実施者）

・フロン類の適切な引き渡し
・回収依頼書／委託確認書の交付・保存、
　引取証明書の保存、写しの交付（行程管理制度）

広範な事業者が対象製品の「管理者」に該当し得るため、自社の事業所等で使用しているエアコン・冷凍冷蔵機器が同法の対象となるか、製品情報や販売者への問い合わせにより確認し、対象となる場合は適正な管理に取り組む必要がある(詳細は環境省HP「フロン排出抑制法ポータルサイト」を参照するとよい)。

全ての事務所、工場、店舗	パッケージエアコンなどの空調機器、冷水器、工場プロセスの冷却器
冷蔵倉庫業、食品製造業、飲食料品卸売業、飲食料品小売業、飲食店、宿泊業など	業務用冷蔵庫、ショーケースなどの冷蔵機器や冷凍機器
レンタル事業者	レンタル用の業務用冷蔵庫や空調機器
船舶、業務用特殊車両の所有者	船舶用エアコン、鮮魚冷凍庫、冷凍冷蔵車の貨物室

出典：環境省HP「フロン排出抑制法ポータルサイト」掲載のパンフレット等を参照して作成
https://www.env.go.jp/earth/furon/

(4) オフセット（カーボン・オフセット）

「カーボン・オフセットとは、日常生活や経済活動において避けることができないCO_2等の温室効果ガスの排出について、まずできるだけ排出量が減るよう削減努力を行い、どうしても排出される温室効果ガスについて、排出量に見合った温室効果ガスの削減活動に投資すること等により、排出される温室効果ガスを埋め合わせるという考え方」[注19]である。

オフセットの活用は、あくまで自社における温室効果ガスの排出削減努力が前提であることに留意する必要がある。

カーボン・オフセットの代表的な活用方法（類型）は【図表3－2－16】のとおりである。事業活動全体を単位とする脱炭素経営の取組みとしては、組織活動オフセットの類型が該当する。

【図表３－２－16】カーボン・オフセット活用の３類型

取組の類型	オフセット主体（誰が）	オフセット対象（何を）
製品・サービスオフセット	製品の製造／販売者 サービス提供者	製品・サービスのライフサイクルからの温室効果ガス排出
会議・イベントオフセット	会議・イベント主催者	会議・イベントの企画・準備、開催、および撤収に伴う温室効果ガス排出
組織活動オフセット	企業、自治体、NGO等の組織	事業活動に伴う温室効果ガス排出

出典：環境省「カーボン・オフセットガイドライン Ver.3.0（2024年3月6日改訂）」をもとに作成
https://www.env.go.jp/content/000209289.pdf

なお、他者のクレジット（排出権）の取得による削減（カーボン・オフセット）は、自社のSBT達成のための削減には算入できず、SBT達成を超えた貢献をしたいという場合のみ認められる。SBTに取り組む場合には注意が必要である。

① J-クレジット

J-クレジット制度とは、省エネルギー設備の導入や再生可能エネルギーの利用によるCO_2等の排出削減量や、適切な森林管理によるCO_2等の吸収量を「クレジット」として国が認証する制度である（【図表３－２－17】）。この制度により創出されたクレジットは、カーボン・オフセットに活用することができる。2024年10月時点で1,171件、1,103万t-CO_2のクレジットが認証されている。

クレジットの購入方法は、①仲介事業者（J-クレジット・プロバイダー等）を通じた購入、②J-クレジット制度HPに掲載されている「売り出しクレジット一覧」を参照し売却希望者と購入数量・価格等を交渉して決める相対取引、③J-クレジット制度事務局が実施する政府保有クレジット等の入札販売への参加、④カーボン・クレジット市場での取引、の4通りがある。

カーボン・クレジット市場[注20]は東京証券取引所が2023年10月11日に開設したもので、カーボン・クレジット市場での取引に参加できるの

は、一定の要件をクリアして登録された法人、政府、地方公共団体、任意団体である（2025年2月12日現在の参加者：315者）。

取引価格については、日本取引所グループHPのカーボン・クレジット市場日報で確認することができる(注21)。

【図表3－2－17】J-クレジットの概要

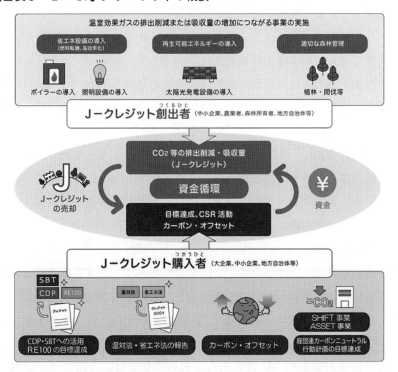

出典：J-クレジット制度HP
https://japancredit.go.jp/about/outline/

② グリーン電力証書

太陽光発電・風力発電・バイオマス発電などの再生可能エネルギーにより発電された電力の持つ価値を、電気そのものとしての価値と、再生可能エネルギーに由来することに基づく価値（環境価値）に分けて考えた場合、通常の電力契約で取引されているのは、前者の電気そのものと

しての価値である（もしくは後者の環境価値を分離せず取引しているともいえる）。

グリーン電力証書は、再生可能エネルギーに由来することに基づく価値（環境価値）を切り離して証書化し売買することができる制度である。グリーン電力証書を購入することにより、購入者は再生可能エネルギーを使用していると主張することができる。

グリーン電力証書の活用方法はカーボン・オフセットに準じるが、テナントであるために電力会社と直接契約をしていない（できない）場合に、再エネ電力契約に代わる選択肢とする利用法もある。この場合、電力会社に支払っている電力料金とは別に、グリーン電力証書の購入代金を支払うことになる。

なお、太陽熱、バイオマス熱利用、雪氷エネルギー利用の環境価値を対象とするグリーン熱証書も発行されている。

グリーン電力証書・グリーン熱証書は、証書販売業者から購入することができる（相対取引）。

③ 非化石証書

非化石証書は、グリーン電力と同様の仕組みで、非化石電源に由来することに基づく価値（環境価値）を証書化したものである。FIT証書、非FIT非化石証書（再エネ指定あり）、非FIT非化石証書（再エネ指定なし）」の3種類がある。

再エネ電力契約の中には非化石証書の価値を付加したプランがある。また、FIT証書については、日本卸電力取引所に開設されている非化石価値取引会員になることで、あるいは同会員である仲介事業者を通じて購入することができる。

(5) 炭素除去

炭素除去は、CO_2を大気や排ガスから取り除く技術である。排出削減に対して、排出をマイナスにするという意味でネガティブエミッション

技術とも呼ばれる。

　植林・再生林による森林吸収はすでにクレジット（排出権）として活用されているが、それ以外のネガティブエミッション技術は開発・評価の途上にあり、将来的な選択肢である（【図表3－2－18】）。

【図表3－2－18】ネガティブエミッション技術の種類

植林・再生林	植林は新規エリアの森林化、再生林は自然や人の活動によって減少した森林への植林
土壌炭素貯留	バイオマスを土壌に貯蔵・管理する技術（自然分解による CO_2 発生を防ぐ）
バイオ炭	バイオマスを炭化し炭素を固定する技術
BECCS	バイオマスの燃焼により発生した CO_2 を回収・貯留する技術
DACCS	大気中の CO_2 を直接回収し貯留する技術
風化促進	玄武岩などの岩石を粉砕・散布し、風化を人工的に促進する技術。風化の過程（炭酸塩化）で CO_2 を吸収
海洋肥沃化	海洋への養分散布や優良生物品種等を利用することにより生物学的生産を促して CO_2 吸収・固定化を人工的に加速する技術。大気中からの CO_2 の吸収量の増加を見込む。
海洋アルカリ度の向上	海水にアルカリ性の物質を添加し、海洋の自然な炭素吸収を促進する炭素除去の方法
沿岸生態系のブルーカーボン管理 (*)	マングローブ・塩性湿地・海草などの沿岸のブルーカーボン維持・再生によるCDR。大型海藻類（例えば、昆布）など沿岸における他の炭素隔離の可能性を議論中。
その他の海洋CDRアプローチ	研究事例が少ないが、「人工湧昇」「作物残渣または丸太など陸上バイオマス投棄」「大型海藻養殖などの海洋バイオマスCDRオプション」「海水からの直接 CO_2 抽出（貯蔵あり）」などの手法がある

出典：資源エネルギー庁HP「知っておきたいエネルギーの基礎用語～大気中から CO_2 を除去する「CDR（二酸化炭素除去）」」
https://www.enecho.meti.go.jp/about/special/johoteikyo/cdr.html

(注1) 環境省HP「グリーン購入とは」
https://www.env.go.jp/policy/hozen/green/g-law/net/index.html
(注2) 環境省HP「グリーン購入法について」参考資料ページに掲載
https://www.env.go.jp/policy/hozen/green/g-law/net/shiryou.html
(注3) グリーン購入ネットワークHP「エコ商品ねっと」
https://www.gpn.jp/econet/
(注4) 公益財団法人日本環境協会エコマーク事務局HP「エコマーク商品検索」
https://www.ecomark.jp/search/search.php
(注5) https://www.meti.go.jp/shingikai/enecho/shigen_nenryo/nenryo_seisaku/pdf/017_06_00.pdf
(注6) https://www.enecho.meti.go.jp/category/resources_and_fuel/distribution/hinnkakuhou/data/cont2-3_pamphlet.pdf
(注7) https://www.mlit.go.jp/jidosha/jidosha_tk10_000004.html
(注8) 経済産業省HP「カーボンニュートラルに向けた投資促進税制」
https://www.meti.go.jp/policy/economy/kyosoryoku_kyoka/cn_zeisei.html
(注9) 中小企業庁HP「経営強化法による支援」
https://www.chusho.meti.go.jp/keiei/kyoka/index.html
(注10) 環境省再エネスタートHP「PPAモデル」より
https://ondankataisaku.env.go.jp/re-start/howto/03/
(注11) 環境省「はじめての再エネ活用ガイド（企業向け）」（2024年1月）
https://www.env.go.jp/content/000194869.pdf
(注12) 資源エネルギー庁HP「再エネガイドブックweb版」
https://www.enecho.meti.go.jp/category/saving_and_new/saiene/guide/
(注13) 国立研究開発法人国立環境研究所HP 環境展望台「環境技術解説」蓄電池の項
https://tenbou.nies.go.jp/science/description/detail.php?id=110
(注14) 国土交通省「建築基準法・建築物省エネ法改正法制度説明資料」（2023年11月）
https://www.mlit.go.jp/common/001627103.pdf
(注15) https://www.mlit.go.jp/common/001627103.pdf
(注16) https://www.env.go.jp/earth/zeb
(注17) https://sii.or.jp/zeb/zeb_guideline.html
(注18) https://sii.or.jp/zeb/planner/search
(注19) 環境省HP「J-クレジット制度及びカーボン・オフセットについて」
https://www.env.go.jp/earth/ondanka/mechanism/carbon_offset.html
(注20) 日本証券取引所グループHP「カーボン・クレジット市場」
https://www.jpx.co.jp/equities/carbon-credit/
(注21) 日本証券取引所グループHP「カーボン・クレジット市場日報」
https://www.jpx.co.jp/equities/carbon-credit/daily/archives-01.html

第3章　確認問題

問31　削減目標の立て方

GHG削減目標の立て方に関する記述について、適切でないものは次のうちどれですか。

(1) 総量削減目標とは、事業者全体の排出量を削減する目標のことをいう。
(2) 原単位削減目標とは、生産量当たり（kg-CO_2/個）、売上金額当たり（kg-CO_2/千円）などの排出量（原単位）を削減する目標のことをいう。
(3) 事業が拡大傾向にあるとき、一般に原単位目標は悪化する（数値が大きくなる）傾向になる。
(4) 事業規模が拡大しながら排出量の総量を削減する「デカップリング」を実現することが望ましい。

解説＆正解

GHG排出量削減目標としては、①温室効果ガス排出量について総量削減として規定するもの（総量（削減）目標）、原単位にて規定するもの（原単位（削減）目標）などが考えられる。

総量目標は、企業全体の総排出量について、定量的な削減率を設定した目標をいう。

原単位目標は、排出者（物）の活動を明確にし、原単位（活動量当たりの排出量）の削減率を目標として示したものである。

(1)、(2)、(4)は選択肢のとおり。事業が拡大傾向にあるとき、規模の経済が働くため、一般に原単位目標は改善する（数値が小さくなる）傾向にある。したがって、(3)は適切でない。

正解　(3)

問32 削減目標の水準

下記は、GHG削減目標の水準に関する説明です。説明文の空欄①〜③に入る語句の組合せとして、適切なものは次のうちどれですか。

> 2020年10月、政府は2050年までに温室効果ガスの排出を全体としてゼロにする、カーボンニュートラルを目指すことを宣言しました。これに整合する削減目標として、2030年度に温室効果ガスを2013年度から（ ① ）削減することが目指されている。これを年率に換算すると毎年約（ ② ）の削減率に相当する。
>
> 一方、国際的な合意である1.5℃目標（工業化以前からの平均気温上昇を1.5℃以内に抑制）に整合することを目指すSBT（Science Based Target）は、スコープ1・2排出量に関しては年率（ ③ ）以上、スコープ3排出量に関しては年率2.5％以上の削減が求められている。

(1) ①64％ ②3.8％ ③4.2％
(2) ①46％ ②2.7％ ③4.2％
(3) ①64％ ②3.8％ ③5.0％
(4) ①46％ ②2.7％ ③5.0％

解説＆正解

2021年10月に閣議決定された地球温暖化対策計画において、2030年度に温室効果ガス46％削減（2013年度比）を目指すことが示された。これを年率換算すると約2.7％となる。

SBT（Science Based Target）とは、パリ協定が求める水準と整合した、5年〜10年先を目標年として企業が設定する温室効果ガス排出削

減目標のことで、スコープ１・２排出量に関しては年率4.2％以上、スコープ３排出量に関しては年率2.5％以上の削減が求められている。

以上より、①には「46％」、②には「2.7％」、③には「4.2％」が入る。したがって、(2)が適切である。

正解　(2)

| 問33 | 排出削減の考え方

スコープ1・2排出量の削減に関する記述について、適切なものは次のうちどれですか。

(1) エネルギー効率の高い空調設備、給湯機器、OA機器、家電製品、エアコン、照明などを選定するグリーン購入により、CO_2排出量を削減することができる。
(2) CO_2排出量は「活動量×CO_2排出係数」で算出され、省エネルギーはCO_2排出係数を削減する取組みとして位置付けられる。
(3) CO_2排出量は「活動量×CO_2排出係数」で算出され、再生可能エネルギーの導入は活動量を削減する取組みとして位置付けられる。
(4) 車両用燃料としてバイオ燃料を使用する場合、自社敷地内での使用分はスコープ1排出量、営業活動や納品先への輸配送等、自社敷地外での使用分はスコープ2排出量の削減として計上される。

解説＆正解

(1)は選択肢のとおり。

省エネルギーはエネルギー消費量（活動量）の削減、再生可能エネルギーはCO_2排出係数を削減する取組みとして位置付けられる。したがって、(2)、(3)は適切でない。

自社敷地内外をとわず車両用燃料の使用によるCO_2排出はスコープ1排出量に計上されるため、排出削減を行った場合はスコープ1排出量の削減として計上される。したがって、(4)は適切でない。

正解 (1)

問 34　排出削減の手法

下記は、排出削減の手法に関する説明です。説明文の空欄①〜③に入る語句の組合せとして、適切なものは次のうちどれですか。

> 排出削減対策には、お金がかからないものと、お金がかかるものがある。
> お金がかからない対策が、働く人の行動やルールを変えることでエネルギー消費量（活動量）を減らす（　①　）である。
> お金を払う対象を変えるのが、再エネ電力への切り替えやグリーン購入による（　②　）である。
> お金がかかる対策の代表例が、省エネ型設備への更新、再エネ設備の導入等の設備対策である。
> カーボン（　③　）は、削減対策を講じても残る排出量（残存排出量）を、他者から排出権（クレジット）を買うことで埋め合わせる取組みである。

(1)　①運用改善　②調達対策　　③オフセット
(2)　①心理対策　②再エネ導入　③オフセット
(3)　①運用改善　②調達対策　　③ネガティブ
(4)　①心理対策　②再エネ導入　③ネガティブ

解説＆正解

働く人の行動やルールを変えることでエネルギー消費量（活動量）を減らす運用改善である。従業員の心理に働きかける取組みも含まれるが、それがすべてではない。
お金を払う対象を変えるのが、再エネ電力への切り替えやグリーン購

入による調達対策である。再エネだけでなく、省エネ型機器の導入、バイオ燃料の導入なども含まれる。

カーボンオフセットは、削減対策を講じても残る排出量（残存排出量）を、他者から排出権（クレジット）を買うことで埋め合わせる取組みである。残存排出量すべてをオフセットすればカーボンニュートラル（実質排出ゼロ）となる。

将来的に炭素除去が実用化されてくれば、カーボンネガティブ（除去量が排出量を上回る）も視野に入ってくる。

以上により、①には「運用改善」、②には「調達対策」、③には「オフセット」が入る。したがって、(1)が適切である。

正解 (1)

| 問 35 | 中小企業の課題・ニーズ |

「削減目標の設定・削減対策の検討・削減計画の策定を行う段階」の中小企業における課題・ニーズ例として、適切なものはどれですか。

(1) 気候変動関連のリスク・機会のシナリオ分析を実施したい。
(2) どのような対策があり、そのうち何に取り組むべきかを知りたい。
(3) 設備導入に活用できる補助制度を知りたい。
(4) 脱炭素化やSDGs対応の取組みを対外的にアピールしたい。

解説＆正解

環境省「温室効果ガス排出削減等指針に沿った取組のすすめ～金融機関による支援～脱炭素化に向けた取組実践ガイドブック（入門編）」（2023年3月）では、中小事業者の取組ステップをSTEP0～STEP5の6段階に分け、各段階ごとの課題・ニーズ例を以下のように示している。

STEP0：脱炭素化に向けた意識醸成・体制整備
● カーボンニュートラル、気候変動やSDGs・ESGの基礎的な情報・動向を知りたい
● 脱炭素化やSDGs対応の必要性・意義や、これらに取り組まない場合のリスクについて知りたい
● 社内の人員・知識・ノウハウ不足のため、誰かに相談したい

STEP1：事業に影響を与える気候変動関連リスク・機会の把握
● 気候変動関連のリスク・機会のシナリオ分析を実施したい
● 自社のGHG排出量を把握したい
● サプライチェーン全体でのCO_2排出量を把握したい

●主要な排出源や削減ポテンシャルの高い設備等を特定したい

STEP2：排出実態の把握
●気候変動関連のリスク・機会にシナリオ分析を実施したい
●自社のGHG排出量を把握したい
●サプライチェーン全体でのCO_2排出量を把握したい
●主要な排出源や削減ポテンシャルの高い設備等を特定したい

STEP3：削減目標の設定／削減対策の検討／削減計画の策定
●SDGs目標や排出削減目標を設定したい
●目標に沿った具体的な取組の計画を策定したい
●どのような対策があり、そのうち何に取り組むべきかを知りたい

STEP4：削減対策の実行
●具体的にどの設備を導入すればよいのか知りたい
●設備導入にあたり、どの業者に依頼すればよいか教えてほしい
●設備導入に活用できる補助制度を知りたい
●補助制度の活用にあたり、申請書類作成を支援してほしい
●設備導入にあたり資金調達の相談をしたい
●設備導入以外の対策実施も支援してほしい

STEP5：STEP1～4に係る情報開示
●脱炭素化やSDGs対応の取組を対外的にアピールしたい

　以上より、削減目標の設定・削減対策の検討・削減計画の策定を行う段階の中小企業における課題・ニーズ例としては、⑵が適切である。

出典：環境省「温室効果ガス排出削減等指針に沿った取組のすすめ～金融機関による支援～脱炭素化に向けた取組実践ガイドブック（入門編）（2023年3月）」11頁
https://www.env.go.jp/earth/ondanka/gel/ghg-guideline/pdf/financial_institution.pdf

正解　⑵

問36　脱炭素化に向けた計画策定の検討手順

環境省「中小規模事業者のための脱炭素経営ハンドブック」における脱炭素化に向けた計画策定の検討手順の4ステップに関する記述について、適切なものは次のうちどれですか。

(1) STEP 1は、「再生可能エネルギー電気の調達手段の検討」であり、削減計画を立てるために、まず再生可能エネルギーが調達できる量を把握する。
(2) STEP 2は、「長期的なエネルギー転換の方針の検討」であり、再生可能エネルギーの調達を踏まえた最終的な目標達成のための長期的対応の検討をする。
(3) STEP 3は、「短中期的な省エネ対策の洗い出し」であり、長期的な計画を実現させるための短中期的な省エネ対策計画を策定する。
(4) STEP 4は、「削減対策の精査と計画へのとりまとめ」であり、STEP 1～STEP 3の検討結果をとりまとめ、洗い出した削減対策について定量的に整理する。

解説＆正解

環境省では、「令和2年度　中小企業の中長期の削減目標に向けた取組可能な対策行動の可視化モデル事業」において、SBTまたはSBTに準じた中長期目標を設定している中小企業から8社を採択し、各社に対し主要事業所への訪問を交え、削減計画の策定・再生可能エネルギー調達手段の検討・設備導入のための資金計画立案等について支援を実施した。「中小規模事業者のための脱炭素経営ハンドブック」はモデル事業で得られた知見を踏まえて、中小企業における中長期的な削減計画の検討の進め方を整理したものである。

STEP１は「長期的なエネルギー転換の方針の検討」である。燃料消費に伴う温室効果ガス排出量を、省エネルギー対策のみで大幅に削減することは困難であり、エネルギーの種類を温室効果ガスがゼロもしくは小さいものに転換していくことが必要となるため、脱炭素化の検討を始めるにあたって、将来の技術開発動向も見据えつつ、主要設備についてエネルギー転換の方針を検討することが重要になる。したがって、(1)は適切でない。

　STEP２は「短中期的な省エネ対策の洗い出し」である。STEP１で検討したエネルギー転換の方針を前提に、短中期的な省エネ対策を検討する。エネルギー転換の内容や時期を踏まえながら、既存設備の稼働の最適化やエネルギーロスの低減を図る。したがって、(2)は適切でない。

　STEP３は「再生可能エネルギー電気の調達手段の検討」である。再生可能エネルギー電気は、CO_2ゼロの代表的・汎用的なエネルギーであるとし、STEP１の電化と組み合わせることで、大幅なCO_2削減を図ることができる。また、STEP１～STEP２までの検討の結果、自社の排出量が削減目標に届かない場合には、電気を再エネに切り替えることで追加的に削減を図ることができる。そのため、再生可能エネルギー電気の調達手段の検討をする。したがって、(3)は適切でない。

　STEP４「削減対策の精査と計画へのとりまとめ」では、STEP１～STEP３の検討結果をとりまとめ、洗い出した削減対策について、①想定される温室効果ガス削減量（t-CO_2/年）、②想定される投資金額（円）、③想定される光熱費・燃料費の増減（円/年）を定量的に整理する。

　さらに、可能な範囲で各削減対策の実施時期を決めた上で、企業全体のロードマップとして削減計画に整理するとともに、削減対策を行うことによる効果・影響として各年の温室効果ガス排出削減量や各年のキャッシュフローへの影響（実施した各削減対策による②と③の総和）を集計し、とりまとめていくことになる。したがって、(4)は適切である。

出典：環境省「中小規模事業者のための脱炭素経営ハンドブック」20～29頁
https://www.env.go.jp/earth/SMEs_handbook.pdf

正解　(4)

問 37 排出削減施策の検討

排出削減施策の検討に関する以下の記述のうち、適切なものの数は次のうちどれですか。

---

① CO_2 排出量を算定した後、排出削減目標を設定する際、自社の主要な排出源となる事業活動やその設備等を把握し、削減ターゲットを特定することが重要である。
② 長期的なトレンドや業績・事業活動、季節や繁忙期・閑散期との相関などを複数年で比較し確認する（時系列での比較）。
③ 事業内容や規模が類似する事業所や設備同士で比較したり、排出原単位で比較する（事業所・設備間での比較）。
④ 照明設備の台数、空調能力、冷暖房温度設定等の適正値を把握し、現状と比較する（適正値との比較）。

---

(1) 1つ
(2) 2つ
(3) 3つ
(4) 4つ（すべて適切である）

解説＆正解

自社の主要な排出源となる事業活動やその設備等を把握することは重要である。主要な排出源を把握することで、削減対策を検討する際の当たりを付けることができる。また、削減対策を実行した際に、どの程度の CO_2 排出量が削減できるかの推定にもつながる。したがって、①は適切である。

また、以下のような視点で、自社の CO_2 排出量の特徴を分析すること

で、削減対策を検討するヒントを得ることができる。

　時系列での比較：CO_2排出量の突出したエネルギー使用や不規則な変動等がないか、長期的なトレンドや業績・事業活動、季節や繁忙期・閑散期との相関などを複数年で比較し確認することで、事業活動との連動も捉えることができる。したがって、②は適切である。

　事業所・設備間での比較：事業内容や規模が類似する事業所や設備同士で比較し、CO_2排出量が多くなっている箇所がないか確認したり、CO_2排出量を事業所ごとの専有面積や売上、製造量等で割った「排出原単位」で比較する方法も有効である。したがって、③は適切である。

　適正値との比較：目的や利用用途と照らし、台数や能力、設定値が過剰ではないか確認する。照明設備の台数、空調能力、冷暖房温度設定等の詳細な適正値の把握にあたっては、省エネ診断士や設備メーカー等の専門家に相談することも有効である。したがって、④は適切である。

　以上より、(4)が適切である。

出典：環境省「中小規模事業者向けの脱炭素経営導入ハンドブック Ver.1.0」9頁
https://www.env.go.jp/earth/ondanka/supply_chain/gvc/files/guide/chusho_datsutansodounyu_handbook.pdf

正解　(4)

| 問 38 | スコープ1・2排出量の削減策の検討

　環境省「SBT等の達成に向けたGHG排出削減計画策定ガイドブック」におけるスコープ1・2排出量の削減策の検討について、適切でないものは次のうちどれですか。

(1) ビジネスモデルや製品・商品設計、製造プロセスなどについて、持続可能でより環境負荷が小さい形にできないかを検討することは、現在のマテリアルフロー・エネルギーフローを見直すこととともいえる。
(2) マテリアルフローとエネルギーフローは別個の流れとなるため、それぞれについて別個に精査していくことが、効率的で正確な削減策につながる。
(3) マテリアルフローにおいては、原材料の種類や量、調達先など上流の視点と、製品から出る廃棄物など下流の視点があるが、上流の視点から見直していくことが重要である。
(4) エネルギーフローの見直しにおいては、エネルギー消費の用途・背景を洞察することが、GHG排出の根源的な要因を探るカギとなり、効果的な削減策のヒントがもたらされる。

解説＆正解

　環境省「SBT等の達成に向けたGHG排出削減計画策定ガイドブック」では、削減策の考え方としてスコープごとの考え方が記載されており、スコープ1・2の具体的な削減策を検討する際の、「マテリアルフロー」・「エネルギーフロー」の分析について触れられている。
　ビジネスモデルや製品・商品設計、製造プロセスなどについて、持続可能で、より環境負荷が小さい形にできないかを検討することは、現在

のマテリアルフロー・エネルギーフローを見直すことでもあり、現在から大きく異なる「将来像」を目指すのであれば、マテリアルフロー・エネルギーフローも抜本的に変わることになるものとしている。したがって、(1)は適切である。

マテリアルフローが見直された結果、エネルギーフローも変わるといったように、両者は相互に関連しており、一般に、エネルギーフローは事業活動に絡んでマテリアルフローにより定まる部分が少なくない。そのため、マテリアルフローの見直しを進めることにより、エネルギーフローもかなりの部分が見直されるとされる。したがって、(2)は適切でない。

一般にマテリアルフローを見直す際には、マテリアルフローの上流（原材料の種類や量、調達先について、より環境負荷が小さいものへの変更を検討する）の視点と、下流（製品から出る廃棄物を減らす／活用する余地を検討する）の視点があり、上流の視点から見直していくことが重要であるとされている。したがって、(3)は適切である。

エネルギーフローの見直しにおいては、エネルギー消費の用途・背景を洞察することが、GHG排出の根源的な要因を探るカギとなり、効果的な削減策のヒントがもたらされる。したがって、(4)は適切である。

出典：環境省「SBT 等の達成に向けた GHG 排出削減計画策定ガイドブック」58 頁、61～63 頁
https://www.env.go.jp/earth/ondanka/supply_chain/gvc/files/guide/SBT_GHGkeikaku_guidebook.pdf

正解 (2)

| 問 39 | 温室効果ガス排出削減等指針 |

「温室効果ガス排出削減等指針」について、適切でないものは次のうちどれですか。

(1) 「温室効果ガス排出削減等指針」は、地球温暖化対策の推進に関する法律における規定に基づき、事業者が法的義務として実施すべき措置を示した国のガイドラインである。
(2) 事業の用に供する設備について、温室効果ガスの排出の抑制等に資するものを選択し、また排出量が少なくなる方法で使用することが求められている。
(3) 日常生活用製品等の製造等を行う場合には、温室効果ガスの排出量の少ないものの製造等を行うなど、脱炭素型のビジネスモデルへの積極的転換が求められている。
(4) ポイント制度を活用した消費者の環境配慮行動（温室効果ガス削減に資する行動）へのインセンティブ付与も、日常生活における温室効果ガス排出削減に寄与する取組みとして位置付けられている。

解説＆正解

「温室効果ガス排出削減等指針」は、地球温暖化対策の推進に関する法律における規定に基づき、①事業活動、②日常生活に起因する温室効果ガス（GHG）の排出削減に向けて、事業者が努力義務として実施すべき措置を示したガイドラインとして国が策定したものである。したがって、(1)は適切でない。

指針において、事業者に課される努力義務は大きく下記の2つである。
① 事業活動に伴う温室効果ガス排出削減等
事業の用に供する設備について、温室効果ガスの排出の抑制等に資す

るものを選択し、また排出量が少なくなる方法で使用するよう努めること。

　対象は、設備を導入・使用する事業者（≒全事業者）であり、脱炭素経営の実践、脱炭素技術の前倒し導入などが求められている。

　②　日常生活における温室効果ガス排出削減への寄与

　日常生活用製品等の製造等を行う場合には、温室効果ガスの排出量の少ないものの製造等を行うとともに、その利用に伴う温室効果ガスの排出に関する情報の提供を行うよう努め、また、当該情報の提供にあたっては、日常生活における排出削減のための措置の実施を支援する役務の提供を行う者の協力を得つつ、行うよう努めること。

　対象は、BtoC製品・サービスを製造/輸入/販売/提供する事業者であり、脱炭素型のビジネスモデルへの積極的転換が求められている。したがって、⑵、⑶は適切である。

　カーボン・オフセットやポイント制度等の活用も、日常生活用製品等の製造等を行う事業者が講ずることが望ましい取組みとして位置付けられている。したがって、⑷は適切である。

　なお、環境省HP「温室効果ガス排出削減等指針」（https://www.env.go.jp/earth/ondanka/gel/ghg-guideline/）において、設備別、業種別、BoCの削減対策メニューに関する情報が提供されている。

出典：環境省「事業活動に伴う温室効果ガスの排出削減等及び日常生活における温室効果ガスの排出削減への寄与に係る事業者が講ずべき措置に関して、その適切かつ有効な実施を図るために必要な指針」105 頁
https://www.env.go.jp/content/900444532.pdf

正解　(1)

| 問40 | SBT |

SBT（Science Based Target）に関する記述について、適切なものの組合せは次のうちどれですか。

① SBTは、パリ協定が求める水準と整合した、2050年を目標年として企業が設定する温室効果ガス排出削減目標のことをいう。
② SBTの対象となるのは企業全体のスコープ1・2排出量で、スコープ1＋2＋3排出量合計の40％以上に達する場合、スコープ3排出量についても目標設定が必須となる。
③ 他者のクレジット（排出権）の取得による削減（カーボンオフセット）も、企業のSBT達成のための削減に算入することができる。
④ SBT事務局に目標認定申請を行い、妥当性確認（有料）を受けることでSBT目標として認定される。

(1) ①、③
(2) ①、④
(3) ②、③
(4) ②、④

解説＆正解

①については、SBTの目標年は5年〜10年先で、例えばSBT事務局への申請が2023年の場合、2028〜2033年の間で設定する。

③については、他者のクレジット（排出権）の取得による削減（カーボンオフセット）は、企業のSBT達成のための削減に算入することができない。

②、④は説明文のとおり。したがって、(4)が適切である。

正解 (4)

問41　SBTの運営機関

SBTの運営機関に関する記述について、適切でないものは次のうちどれですか。

(1) SBTは、SBTi（SBTイニシアティブ）が運営している。
(2) SBTiは、CDP、国連グローバルコンパクト（UNGC）、世界資源研究所（WRI）、世界自然保護基金（WWF）の4つの機関で構成されている。
(3) SBTの取組みの一環として、SBTの運営機関によってRE100が行われている。
(4) SBTは、We Mean Business（WMB）の取組みの1つとして実施されている。

解説＆正解

SBTは、CDP、国連グローバルコンパクト（UNGC）、世界資源研究所（WRI）、世界自然保護基金（WWF）の4つの機関が共同で運営している。この4つの機関をSBTi（SBTイニシアティブ）という。したがって、(1)、(2)は適切である。

RE100は、企業が自らの事業の使用電力を100％再エネで賄うことを目指す国際的なイニシアティブであり、国際NGO（The Climate Group、CDP）が運営している。したがって、(3)は適切でない。

SBTは、We Mean Business（WMB）の取組みの1つとして実施されている。We Mean Businessは、企業や投資家の温暖化対策を推進している国際機関やシンクタンク、NGO等が構成機関となって運営しているプラットフォームである。構成機関は、このプラットフォームを通じて連携しながら、6つの領域で企業による取組み9種を広める活動を推

進している。SBTは企業取組み10種の1つであり、SBTイニシアティブ（CDP等4機関が設立）もプラットフォームの1構成機関との位置付けである。したがって、(4)は適切である。

出典：環境省・みずほリサーチ&テクノロジーズ「SBT（Science Based Targets）について」
https://www.env.go.jp/earth/ondanka/supply_chain/files/SBT_syousai_all_20210810.pdf

正解　(3)

問42 SBT認定手続

SBT認証取得手続きについて、適切なものは次のうちどれですか。

① SBT認定手続きを開始するにあたっては、3年以内にSBT設定を行うことを宣言するCommitment Letterを、あらかじめSBT事務局に提出しなければならない。
② Target Submission Form（目標認定申請書）をSBT事務局に提出し、目標の妥当性確認を受けるが、この確認作業は有料である。
③ 認定された場合は、SBT事務局ウェブサイトで公表される。
④ 認定後は、排出量と対策の進捗状況を少なくとも2年に1回SBT事務局に報告しなければならない。

(1) ①と③は適切であるが、②と④は適切でない。
(2) ①と④は適切であるが、②と③は適切でない。
(3) ②と③は適切であるが、①と④は適切でない。
(4) ②と④は適切であるが、①と③は適切でない。

解説＆正解

SBT申請の流れは、以下のとおりである。
① 【任意】Commitment Letterを事務局に提出
・コミットとは、2年以内にSBT設定を行うという宣言のこと
・コミットした場合にはSBT事務局、CDP、WMBのウェブサイトにて公表される
② 目標を設定し、申請書を事務局に提出
・Target Submission Formを事務局に提出し、審査日をSBTi

booking systemで予約
③ 【有料】SBT事務局による目標の妥当性確認・回答
・事務局は認定基準への該否を審査し、メールで回答（否定する場合は、理由も含む）
・目標の妥当性確認には、USD9,500（外税）の申請費用が必要（最大2回の目標評価を受けられる）
・以降の目標再提出は、1回につきUSD4,750（外税）の申請費用が必要
④ 認定された場合は、SBT等のウェブサイトにて公表
⑤ 排出量と対策の進捗状況を、年1回報告し、開示
⑥ 定期的に、目標の妥当性の確認
・大きな変化が生じた場合は必要に応じ目標を再設定（少なくとも5年に1度は再評価）

以上より、②と③は適切であるが、①と④は適切でない。したがって、(3)が適切である。

出典：環境省「SBT詳細資料」6.SBTの手続き143〜149頁
https://www.env.go.jp/earth/ondanka/supply_chain/gvc/files/SBT_syousai_06_20240301.pdf

正解 (3)

| 問43 | SBT認定を受けるメリット |

SBT認定を受けるメリットに関する記述について、適切でないものは次のうちどれですか。

(1) SBT設定は持続可能性をアピールでき、CDPの採点等において評価されるため、投資家からのESG投資の呼び込みに役立つ。
(2) SBTで設定した削減目標を、サプライヤーに対して示し共有することで、自社のスコープ1・2排出量を削減することができる。
(3) SBT設定をすることはリスク意識の高い顧客の声に応えることになり、自社のビジネス展開におけるリスクの低減・機会の獲得につながる。
(4) SBTは野心的な目標達成水準であり、SBTを設定することは、社内で画期的なイノベーションを起こそうとする機運を高める。

解説＆正解

年金基金等の機関投資家は、中長期的なリターンを得るために、企業の持続可能性を評価する年金基金等の機関投資家は、中長期的なリターンを得るために、企業の持続可能性を評価する。SBT設定は持続可能性をアピールでき、CDPの採点等において評価されるため、投資家からのESG投資の呼び込みに役立つ。したがって、(1)は適切である。

サプライヤーが環境対策に取組まないことは、自社の評判の低下や、排出規制によるコスト増といったサプライチェーンのリスクになり得る。SBTはサプライチェーンの目標を設定するため、サプライヤーに対して削減取組みを求めることにつながる。SBTで設定した削減目標を、サプライヤーに対して示すことで、サプライチェーンの調達リスク低減やイノベーションの促進へつなげることができる。したがって、(2)は適

切でない。

　調達元へのリスク意識が高い顧客は、サプライヤーに対して野心度の高い目標、取組みを求める。SBT設定をすることはリスク意識の高い顧客の声に応えることになり、自社のビジネス展開におけるリスクの低減・機会の獲得につながる。したがって、(3)は適切である。

　企業が省エネ、再エネ、環境貢献製品の開発に取組むことは、コスト削減や評判向上といった企業価値向上につながる。SBTは社内に対して野心的な削減目標を課すため、積極的な削減取組を求めることにつながる。そのため、SBTは野心的な目標達成水準であり、SBTを設定することは、社内で画期的なイノベーションを起こそうとする機運を高める。したがって、(4)は適切である。

出典：環境省・みずほリサーチ＆テクノロジーズ「SBT（Science Based Targets）について」13、21、28、32頁
https://www.env.go.jp/earth/ondanka/supply_chain/files/SBT_syousai_all_20210810.pdf

正解　(2)

| 問44 | SBT達成のためのポジショニングマップ |

SBT達成に向けてX社が策定した下記のA～Gの候補削減策に関するポジショニングマップに関する記述について、適切なものは次のうちどれですか。

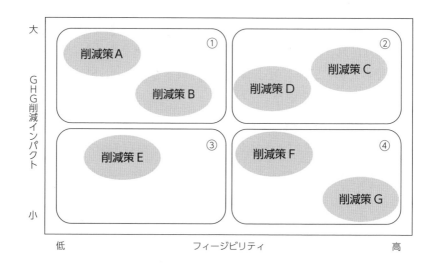

(1) ①は優先削減策のカテゴリであり、削減策Aがもっとも優先度が高い削減策であるといえる。

(2) ②はクイックウィン削減策のカテゴリであり、削減策CやDは、優先順位は低いものの、早急に解決することが可能な削減策である。

(3) ③は補助削減策のカテゴリであり、削減策Eは、削減策A～D、F、Gを削減しても削減目標が達成できないときに実施を検討すべき削減策である。

(4) ④は中長期削減策のカテゴリであり、削減策FやGは、取り組んだ場合の削減量が大きく見込める。

解説＆正解

環境省「SBT等の達成に向けたGHG排出削減計画策定ガイドブック（2022年度版）」においては、SBT等の達成に向けたGHG排出削減計画を策定する流れを、㋐GHG排出削減に向けた将来の事業環境変化を見通す → ㋑自社のGHG排出の現状と今後の見通しを把握する → ㋒目標達成に向けた削減策を検討する → ㋓目標達成に向けたロードマップを策定する → ㋔自社の取組みを社内外のステークホルダーに伝える、という流れで構成しており、この流れのうち「㋒目標達成に向けた削減策を検討する」際には、削減インパクトの推計やフィージビリティの評価を踏まえ、ポジショニングマップを使用して策定した削減策の優先順位付けをする手法が紹介されている。

ポジショニングマップの各カテゴリは、下記のようになっている。

① 中長期削減策

フィージビリティ（評価スコア）が低いものの、削減インパクトは大きいため、取り組んだ場合に高い効果が見込める削減策である。既存事業や社内外のステークホルダーへ与える影響の大きい削減策であることが多いため、効果を実現するまで中長期にわたって取り組むことを前提に検討すべきである。これらの削減策の効果の刈り取りに向けて、足元ではフィージビリティを上げる準備のための取組みを実施したり、実行の可否の判断基準（新技術、コスト等）を整理したりすることも重要となる。したがって、(1)は適切でない。

② 優先削減策

削減インパクトが大きく、フィージビリティが高いため、もっとも優先度が高い削減策として、最優先で取り組むべきとされている。したがって、(2)は適切でない。

③ 補助削減策

フィージビリティが低く、削減インパクトも低い削減策であるため、②優先削減策、①中長期削減策、④クイックウィン削減策、に取り組ん

でも目標達成に必要な削減量を確保できない場合に、補助的に実施を検討すべき削減策である。したがって、(3)は適切である。

④　クイックウィン削減策

削減インパクトはそれほど大きくないが、フィージビリティが高いため、目標達成に向けて実施を検討すべき削減策である。インパクトはそれほど大きくなくても、他の象限の削減策と比較して取り組みやすく、成果もすぐに見えるような削減策であることが多いため、組織を動かすための成功体験を得る初期的な削減策として実施すると効果的である。したがって、(4)は適切でない。

出典：環境省「SBT等の達成に向けたGHG排出削減計画策定ガイドブック（2022年度版）」93～94頁
https://www.env.go.jp/earth/ondanka/supply_chain/gvc/files/guide/SBT_GHGkeikaku_guidebook.pd

正解　(3)

| 問 45 | 中小企業向けSBT |

　中小企業向けSBTに関する記述について、適切なものは次のうちどれですか。

(1)　目標年は2030年として設定する。
(2)　スコープ1とマーケット基準のスコープ2の排出量合計が10,000tCO$_2$未満の企業が対象である。
(3)　金融機関、石油・ガス、森林・土地・農業セクターに分類される企業が申請できる。
(4)　目標妥当性確認を受けるための費用は無料である。

解説＆正解

　中小企業向けSBTの場合、基準年は2015～2023年から選択し、目標年は2030年として設定する。したがって、(1)は適切である。

　GHG排出量の規模に関しては、スコープ1とロケーション基準のスコープ2の排出量合計が10,000tCO$_2$未満の企業が対象である。したがって、(2)は適切でない。

　業種に関しては、金融機関、石油・ガス、森林・土地・農業セクターに分類される企業およびセクター別のガイダンスが用意されている業種に該当する場合は申請対象外である。したがって、(3)は適切でない。

　目標妥当性確認を受けるための費用は1回USD1,250である。したがって、(4)は適切でない。

● 中小企業向け SBT の概要（2024 年 3 月 1 日現在）

	中小企業向け SBT （2024 年 1 月 1 日以降）	＜参考＞通常 SBT
対象	下表に示す要件を満たす企業	特になし
目標年	2030 年	申請時から 5 年以上先、10 年以内の任意年
基準年	2015 年～ 2023 年から選択	最新のデータが得られる年での設定を推奨
削減対象範囲	Scope1,2 排出量	Scope1,2,3 排出量。但し、Scope3 が Scope 1 ～ 3 の 合計の 40% を超えない場合には、Scope3 目標設定の 必要は無し
目標レベル	■ Scope1,2 1.5℃：少なくとも年 4.2% 削減 ■ Scope3 算定・削減（特定の基準値はなし）	下記水準を超える削減目標を任意に設定 ■ Scope1,2 1.5℃：少なくとも年 4.2% 削減 ■ Scope3 Well below 2℃：少なくとも年 2.5% 削減
費用	1 回 USD1,250（外税）	目標妥当性確認サービスは USD11,000（外税） （最大 2 回の目標評価を受けられる 以降の目標再提出は、1 回 USD5,500（外税）
承認までのプロセス	目標提出後、デューデリジェンスが行われる	目標提出後、事務局による審査（最大 30 営業日）が行われる 事務局からの質問が送られる場合もある

［出所］SBTi SME Target setting System（https://form.jotform.com/targets/sme-target-validation）より作成

対象となる中小企業が満たすべき要件	
必須要件	下記の 5 項目をすべて満たさなければならない 1. Scope1 とロケーション基準の Scope2 の排出量合計が 10,000tCO₂e 未満であること 2. 海運船舶を所有または支配していないこと 3. 再エネ以外の発電資産を所有または支配していないこと 4. 金融機関セクターまたは石油・ガスセクターに分類されていないこと 5. 親会社の事業が、通常版の SBT に該当しないこと
追加要件	上記の必須要件 5 項目に加え、以下の 4 項目のうち 3 項目以上を満たさなければならない 1. 従業員が 250 人未満であること＊ 2. 売上高が 5,000 万ユーロ未満であること＊＊ 3. 総資産が 2,500 万ユーロ未満であること＊＊ 4. 森林、土地および農業（FLAG）セクターに分類されないこと

＊　組織が雇用する全ての従業員数。パートタイマーの従業員を含む
＊＊ 申請を行う事業者が、新たな要件に準拠しているかの確認を行うために、収益と資産額を確認できる財務諸表の提出が必要

出典：環境省「SBT（Science Based Targets）について」

正解　(1)

問 46　再生可能エネルギー

再生可能エネルギーの導入等に関する記述について、適切でないものは次のうちどれですか。

(1) 再エネ電力とは、太陽光・風力・水力・地熱・バイオマス等の再生可能エネルギーにより発電され、固定価格買取制度の対象となっているものをいう。
(2) 電力契約を小売電気事業者の再エネ電力メニューに切り替えることで、使用している電力のCO_2排出係数を低減またはゼロにし、スコープ2排出量を削減することができる。
(3) PPA（Power Purchase Agreement）とは、企業が保有する施設の屋根や遊休地を発電事業者が借りて発電設備を設置し、発電した電気を企業等が施設で使用する仕組みである。
(4) PPAにおいて、発電設備を需要家が実際に電気を使用する場所（工場・オフィス等）に設置する場合はオンサイト型、離れた場所に設置する場合はオフサイト型となる。

解説＆正解

(2)、(3)、(4)は選択肢のとおり。

再エネ電力とは、固定価格買取制度の対象となっているかどうかにかかわらず、太陽光・風力・水力・地熱・バイオマス等の再生可能エネルギーにより発電された電力のことをいう。したがって、(1)は適切でない。

なお、再生可能エネルギーの固定価格買取制度は、再生可能エネルギー（太陽光・風力・水力・地熱・バイオマス）で発電した電気を、電力会社が一定価格で一定期間買い取ることを国が約束する制度で、電力会社が買い取る費用の一部を利用者から賦課金という形で集め、再生可能

エネルギーの導入を促進する制度であり、固定価格買取制度の対象となっているものだけをいうのではない。

正解 (1)

問 47　建物・設備からのGHG排出削減

建物・設備からのGHG排出削減に関する記述について、適切でないものは次のうちどれですか。

(1) ZEBとはNet Zero Energy Building（ネット・ゼロ・エネルギー・ビル）の略で、様々な省エネ・再エネ・蓄エネの取組みを組み合わせて、建物全体としての脱炭素をめざす考え方をいう。
(2) 建築物のエネルギー消費性能の向上に関する法律（建築物省エネ法）は、わが国における住宅・建築物の省エネ性能を向上させるために、建築主等の自発的な省エネ性能の向上を促す誘導措置に加え、住宅・建築物の規模等に応じた規制措置を講じている。
(3) フロン類は、大気中に放出されると強力な温室効果ガスとなるため、フロン類の使用の合理化及び管理の適正化に関する法律（フロン排出抑制法）により使用が禁止されている。
(4) 蓄電池の導入は、余剰電力を蓄電し緊急時に備えるBCP（事業継続計画）の観点からだけでなく、ピーク時電力を一部カットするなど購入電力量を抑制する観点からも一定の有用性を見込むことができる。

解説＆正解

(1)、(2)、(4)は選択肢のとおり。
(3)フロン排出抑制法では、冷媒としてCFC（クロロフルオロカーボン）、HCFC（ハイドロクロロフルオロカーボン）、HFC（ハイドロフルオロカーボン、代替フロン）のフロン類を使用している業務用のエアコン・冷凍冷蔵機器については、その管理者（原則として所有者）に、機器の点検や漏洩防止、廃棄時のフロン回収の委託等の義務を課している。
したがって、(3)は適切でない。

正解　(3)

問 48　削減貢献量

削減貢献量に関する記述について、適切でないものは次のうちどれですか。

(1) 削減貢献量は、従来使用されていた製品・サービスを自社製品・サービスで代替することによる、サプライチェーン上の削減量を定量化する考え方である。
(2) 削減貢献量は、GHGプロトコルにおいて定められた算定基準に従って算定する。
(3) 削減貢献量を主張できる主体は、素材、部品、最終製品等のメーカーやITサービスを提供する企業など多岐にわたる。
(4) 削減貢献量につながっても、スコープ3総量が増加する場合がある。

解説＆正解

削減貢献量は、従来使用されていた製品・サービスを自社製品・サービスで代替することによる、サプライチェーン上の「削減量」を定量化する考え方である。企業は、自社の製品・サービスによる他者の削減への貢献を「削減量」としてアピールすることができる。したがって、(1)は適切である。

削減貢献量は、低炭素製品開発の促進や、顧客への環境配慮のアピールなどにつながるが、一般化は容易ではなく、GHGプロトコルのような国際基準も存在しない。なお、日本国内では、日本LCA学会「温室効果ガス排出削減貢献量算定ガイドライン第2版」(2022年3月8日)が公開されている。したがって、(2)は適切でない。

削減貢献量を主張できる主体は、素材、部品、最終製品等のメーカーやITサービスを提供する企業など多岐にわたる。したがって、(3)は適

切である。
　(例)
　・家電メーカー：製品の省エネ性能向上➡従来品より使用者の排出量が減少
　・素材メーカー：超軽量材料を航空機に採用➡航空機の軽量化により燃費向上➡航空機の運航に伴う排出量を削減
　・建材メーカー：高断熱住宅へのリフォーム➡住宅の冷暖房の使用量削減➡電力消費量の削減分だけ排出削減
　・ソフトウェア会社：テレビ会議システム➡電車などの移動に伴う排出量を回避した分だけ排出削

　使用時のGHG排出量が少ない製品を新たに開発・商品化して販売を開始した場合や、使用時のGHG排出量が少ない製品の販売量の増加率が、削減率以上になる場合など、削減貢献につながっても、スコープ3総量が増加する場合がある。したがって、(4)は適切である。

出典：環境省「サプライチェーン排出量の算定と削減に向けて」83～92頁
https://www.env.go.jp/earth/ondanka/supply_chain/gvc/files/SC_syousai_all_20230301.pdf

正解　(2)

問49　CCS/CCUS

下記は、CCS/CCUSに関する説明である。説明文の空欄①～③に入る語句の組合せとして、適切なものは次のうちどれですか。

> CCUSとは、二酸化炭素の回収・有効利用・貯留（Carbon dioxide Capture, Utilization or Storage）の略語である。
>
> 経済産業省がとりまとめた「（　①　）長期ロードマップ」では、2050年時点で年間約（　②　）億tのCO_2貯留を可能とすることを目安として掲げている。
>
> カーボンリサイクルは、産業活動から排出されるCO_2を可能な限り低減した上で、なお排出される（　③　）を適切にマネジメントする脱炭素化に向けた重要な取組みの1つとして位置付けられる。

(1)　①CCUS　②12～24　③残余バジェット
(2)　①CCS　②12～24　③残余CO_2
(3)　①CCUS　②1.2～2.4　③残余バジェット
(4)　①CCS　②1.2～2.4　③残余CO_2

解説＆正解

CCUSとは、二酸化炭素の回収・有効利用・貯留（Carbon dioxide Capture, Utilization or Storage）の略語で、火力発電所や工場などからの排気ガスに含まれるCO_2を分離・回収し、資源として作物生産や化学製品の製造に有効利用する、または地下の安定した地層の中に貯留する技術のことをいう。

経済産業省がとりまとめた「CCS長期ロードマップ」では、2050年時

点で年間約1.2～2.4億tのCO$_2$貯留を可能とすることを目安に、2030年までの事業開始に向けた事業環境を整備し（コスト低減、国民理解、海外CCS推進、CCS事業法整備）、2030年以降に本格的にCCS事業を展開する目標を掲げている。

CCSは、カーボンニュートラルの実現に不可欠であるため、世界各国において急激にプロジェクトの立ち上げや、法整備、政策支援が進んでおり、米国、中国、インド、欧州の4つの国・地域において、2050年には40億トン超の貯留、運営費だけでも40～60兆円の市場が創出される可能性があるとされている。

カーボンリサイクルは、産業活動から排出されるCO$_2$を可能な限り低減した上で、なお排出される残余CO$_2$を適切にマネジメントする脱炭素化に向けた重要な取組みの1つである。CO$_2$を有価物（資源）として捉え、これを分離・回収し、鉱物化によりコンクリート等、人工光合成等により化学品、メタネーション等により燃料へ再利用することで、従来どおり化石燃料を利用した場合と比較して大気中へのCO$_2$排出を抑制し、カーボンニュートラル社会の実現に貢献する取組みである。

以上より、①には「CCS」、②には「1.2～2.4」、③には「残余CO$_2$」が入る。したがって、(4)が適切である。

出典：環境省「CCUSを活用したカーボンニュートラル社会の 実現に向けた取り組み（2020年2月）」1頁
https://www.env.go.jp/earth/brochureJ/ccus_brochure_0212_1_J.pdf
経済産業省「CCS長期ロードマップ検討会最終とりまとめ（2023年3月）」13頁
https://www.meti.go.jp/shingikai/energy_environment/ccs_choki_roadmap/pdf/20230310_1.pdf
環境省主催「CCUSの早期社会実装会議（第4回）～CCUS技術実証等に係る取組と成果～」（2023年10月27日）基調講演2：経済産業省「経済産業省におけるCCUSに係る取組み－ 政策と事業の概要 －」10、24頁

正解 (4)

| 問50 | 顧客企業の脱炭素化対応支援に取り組む意義・メリット

　金融機関が顧客企業の脱炭素化対応支援に取り組む意義・メリットとして、適切でないものはどれですか。

(1)　金融機関として、顧客企業の気候変動対応を支援することで、変化に強靭な事業基盤を構築し、自身の持続可能な経営につながる。
(2)　中小事業者の多くは脱炭素化に必要なノウハウ・人材が不足しており、自社のみで取組みを進めていくことが難しいことから、金融機関にはこうした顧客企業を支援することが期待されている。
(3)　金融機関が提供する脱炭素化支援メニューの内容が、中小事業者を含む顧客企業側を選ぶ理由にもなり得る。
(4)　カーボンフットプリントガイドラインにおいて、金融機関が取り組むべき対策として「投融資先等におけるサプライチェーン排出量の削減に資する対策実施の推奨」が位置付けられている。

解説＆正解

　気候変動に関連する様々な環境変化に企業が直面する中、金融機関として、顧客企業の気候変動対応を支援することで、変化に強靭な事業基盤を構築し、自身の持続可能な経営につながる。したがって、(1)は適切である。

　特に、昨今の国際的な潮流として、サプライチェーン全体での脱炭素化が目指されるようになってきている中、中小事業者に対する対応要請も高まっている一方、中小事業者の多くは脱炭素化に必要なノウハウ・人材が不足しており、自社のみで取組みを進めていくことが難しいことから、金融機関にはこうした顧客企業を支援することが期待されている。したがって、(2)は適切である。

今後、サプライチェーン全体での脱炭素化の要請が高まる中で、中小事業者を含む顧客企業側が、各機関が提供する脱炭素化支援メニューの内容を見て、金融機関を選ぶ流れも出てくると考えられる。したがって、(3)は適切である。

　事業者に対して事業活動に伴う排出削減等に係る努力義務を課す「温室効果ガス排出削減等指針」においても、金融機関が取り組むべき対策として「投融資先等におけるScope1,2排出量の削減に資する対策実施の推奨」が位置付けられている。したがって、(4)は適切でない。

　なお、「カーボンフットプリントガイドライン」は、製品単位の排出量（カーボンフットプリント：CFP）に関する取り組み指針をとりまとめたものである。

出典：環境省「温室効果ガス排出削減等指針に沿った取組のすすめ～金融機関による支援～脱炭素化に向けた取組実践ガイドブック（入門編）（2023年3月）」7頁
https://www.env.go.jp/earth/ondanka/gel/ghg-guideline/pdf/financial_institution.pdf

正解　(4)

問51　J-クレジット制度

J-クレジット制度に関する記述について、適切でないものは次のうちどれですか。

(1) J-クレジット制度とは、省エネ・再エネ設備の導入や森林管理等による温室効果ガスの排出削減・吸収量をクレジットとして認証する制度であり、環境省などが運営している。
(2) J-クレジットにおいては、一定の期間の排出量の結果と削減目標を国に提出し、目標期間までに達成した温室効果ガス削減・吸収量を金銭に換算し、収めるべき税金に充当することができる。
(3) J-クレジット制度への登録、認証の大まかな流れは、①プロジェクトを計画し、登録の審査を受ける、②温室効果ガスを削減しつつモニタリングを実施、③モニタリング結果を報告し、クレジット認証の審査を受け、クレジットの認証・発行を受けることになる。
(4) 地球温暖化対策計画では、J-クレジット制度を「分野横断的な施策」と位置付けるとともに、カーボン・オフセットの推進を「脱炭素型ライフスタイルへの転換」として位置付けている。

解説＆正解

J-クレジット制度とは、省エネ・再エネ設備の導入や森林管理等による温室効果ガスの排出削減・吸収量をクレジットとして認証する制度であり、2013年度より国内クレジット制度とJ-VER制度を一本化し、経済産業省・環境省・農林水産省が運営している。したがって、(1)は適切である。

J-クレジットの考え方は、新しい設備導入後の排出量である「プロジェクト実施後排出量」と、設備更新後、製品生産に必要なエネルギー

（例：生成熱量、消費電力等）を、仮に更新前の古い設備で賄うとした場合に想定される排出量である「ベースライン排出量」の差分を認証し、認証されたクレジットは「J-クレジット登録簿システム」にて、電子的に扱われることになる。したがって、(2)は適切でない。

　J-クレジット制度への登録、認証の大まかな流れは、①プロジェクトを計画し、プロジェクト登録の審査を受ける、②プロジェクト実施を通して温室効果ガスを削減（同時にモニタリングを実施）する、③モニタリング結果を報告し、クレジット認証の審査を受ける、である。そして、クレジットの認証・発行を受けることになる。したがって、(3)は適切である。

　地球温暖化対策計画（日本の約束草案実現に向けた削減計画、令和3年10月22日閣議決定）では、J-クレジット制度を「分野横断的な施策」と位置付けており、併せてカーボン・オフセットの推進を「脱炭素型ライフスタイルへの転換」として位置付けている。したがって、(4)は適切である。

出典：J-クレジット制度事務局「J-クレジット制度について」
https://japancredit.go.jp/data/pdf/credit_001.pdf

正解　(2)

問52 カーボン・オフセット

カーボン・オフセットに関する記述について、適切でないものは次のうちどれですか。

(1) カーボン・オフセットとは、企業の事業活動等により生じる温室効果ガス排出量に対して、当該企業等が他の場所で実現した排出削減・除去量の合計を上回るようにする取組みである。
(2) カーボン・オフセットは、①知って（排出量の算定）、②減らして（削減努力の実施）、③オフセット（埋め合わせ）の３ステップで実施される。
(3) カーボン・オフセットの取組みの１つとして、コンサートやスポーツ大会、国際会議等のイベントの主催者等が、その開催に伴って排出される温室効果ガス排出量を埋め合わせる「会議・イベントオフセット」がある。
(4) カーボン・オフセットにおける取組みの情報提供方法には、温対法に基づく温室効果ガス排出量算定・報告・公表制度、省エネ法の定期報告、国際イニシアティブ等（CDP、RE100、SBT）によることができる場合がある。

解説＆正解

カーボン・オフセットは、自らの活動に伴い排出するCO_2等の温室効果ガスを認識・削減した上でその排出量を埋め合わせる取組みであり、①知って（排出量の算定）、②減らして（削減努力の実施）、③オフセット（埋め合わせ）の３ステップで実施される。したがって、(1)は適切でなく、(2)は適切である。

カーボン・オフセットの取組みとして、オフセット指針では以下の３

つの類型が紹介されている。

　製品を製造／販売する者やサービスを提供する者等が、製品やサービスのライフサイクルを通じて排出される温室効果ガス排出量を埋め合わせる「製品・サービスオフセット」、コンサートやスポーツ大会、国際会議等のイベントの主催者等が、その開催に伴って排出される温室効果ガス排出量を埋め合わせる「会議・イベントオフセット」、企業、自治体、NGO等の組織が、組織の事業活動に伴って排出される温室効果ガス排出量を埋め合わせる「組織活動オフセット」の3つである。したがって、(3)は適切である。

　カーボン・オフセットにおける取組みの情報提供方法には、温対法に基づく温室効果ガス排出量算定・報告・公表制度、省エネ法の定期報告、国際イニシアティブ等（CDP、RE100、SBT）によることができる場合がある。特定排出者に該当する事業者がカーボン・オフセットに取り組む場合、温対法に基づく温室効果ガス算定・報告・公表制度における調整後温室効果ガス排出量の報告にクレジット等を活用できる。したがって、(4)は適切である。

出典：環境省「カーボン・オフセットガイドライン Ver.3.0」3頁、8頁、33頁。
https://www.env.go.jp/content/000209289.pdf

正解　(1)

問53 証書制度

証書制度に関する記述について、適切でないものは次のうちですか。

(1) 証書制度は、再生可能エネルギー等が持つ「環境価値」や「属性情報」を、物理的な電気等の流れと切り離して取引する制度をいう。
(2) 証書は、再生可能エネルギー由来の電力量・熱量を「kWhやkJ」単位で認証するものである。
(3) 証書制度の考え方は、従来の設備のままにした場合の排出量と、新設備を導入した場合の排出量の差分を証書とし、取引に活用できるようにしたものである。
(4) 国際的な証書制度として、欧州のGO、北米のRECs、欧米以外地域のI-REC等があり、日本においては、政府が管理する非化石証書や再エネJ-クレジット、民間事業者が管理するグリーン電力・熱証書がある。

解説&正解

証書制度は、再生可能エネルギー等が持つ「環境価値」や「属性情報」を、物理的な電気等の流れと切り離して取引する制度をいい、再生可能エネルギー由来の電力量・熱量を「kWhやkJ」単位で認証するものである。したがって、(1)、(2)は適切である。

証書制度の考え方として、建設した再エネ発電所による実際の再エネ量を証書にするものである。したがって、(3)は適切でない。

国際的な証書制度として、欧州のGO、北米のRECs、欧米以外地域のI-REC等があり、日本においては、政府が管理する非化石証書や再エネJ-クレジット、民間事業者が管理するグリーン電力・熱証書がある。

したがって、(4)は適切である。

出典：みずほリサーチ＆テクノロジース「第34回ガス事業制度検討ワーキンググループ　国内外の証書制度の整理」
https://www.meti.go.jp/shingikai/enecho/denryoku_gas/denryoku_gas/gas_jigyo_wg/pdf/034_04_00.pdf

正解　(3)

問54 消費者のライフスタイルの脱炭素化

消費者のライフスタイルの脱炭素化に向けた取組みについて、適切なものは次のうちどれですか。

(1) 「温室効果ガス排出削減等指針」では、事業者に対して、日常生活における排出の削減への寄与も義務として課している。
(2) 日本で消費される製品・サービスのカーボンフットプリントを推計した事例では、消費者の生活を支えるための活動に関連して排出されるCO_2は全体の約4割を占める。
(3) 消費者のライフスタイルの脱炭素化は、スコープ3のカテゴリ10「販売した製品の使用に伴う排出量の削減」に直結する。
(4) 製品・サービスの提供時に、廃棄量や廃棄頻度が減少する工夫をすることも、GHG排出削減につながる。

解説&正解

「温室効果ガス排出削減等指針」は、地球温暖化対策の推進に関する法律における規定に基づき、事業者に対して、「①事業活動に伴う排出の削減」、「②日常生活における排出の削減への寄与」という2つの努力義務を課している。したがって、(1)は適切でない。

国立環境研究所による日本で消費される製品・サービスのカーボンフットプリントを推計した事例では、消費者の生活を支えるための活動に関連して排出されるCO_2は全体の約6割を占めるとされている。製品・サービスの消費活動に起因するGHG排出の割合は大きく、カーボンニュートラルの達成のためには、消費者のライフスタイルの脱炭素化が不可欠である。この実現に向けて、特に消費者への訴求力が高いBtoC事業者に期待される役割が大きくなっている。したがって、(2)は適切でな

い。

　また、企業に対してサプライチェーン全体でのCO_2排出削減が求められている中で、消費者のライフスタイルの脱炭素化が、スコープ３のカテゴリ11（販売した製品の使用）、12（販売した製品の廃棄）の排出削減に直結する事業者にとっては、具体的な数値目標を以て取組みを行うことで、消費者やステークホルダーへのアピールにもつながる。したがって、⑶は適切でない。

　消費者のライフスタイルの脱炭素化に向けて企業が取り組める内容は、業態・提供する製品・サービスの形態によって多岐にわたるが、大きく４つの方向性が考えられる。

　①　製品・サービス改良：使用時の消費エネルギーが少ない省エネ製品・サービスや長く使える製品・サービスを提供する

【取組みの例】

・消費財・衣類・家電製品等：耐久性、アップグレード性、リペアビリティ確保等により、長期使用が可能な製品を提供する（製品の長寿命化）

・住宅：認定低炭素住宅、ZEH、ライフサイクルカーボンマイナス住宅等の脱炭素に貢献する住宅を提供する

　②　提供方法の工夫：製品・サービスの提供時に、廃棄量や廃棄頻度が減少する工夫をする

【取組みの例】

・衣類等：シェアリング、サブスクリプションサービスを提供する

・食：消費者が食べきれる量を選択できる仕組み（小盛り・小分けメニュー等）を提供する

　③　販売後のフォロー：販売した製品・サービスのリサイクルルートや、エネルギーの見える化設備等を整備する

【取組みの例】

・分野共通：メンテナンスや修理サービスを提供する、回収ルート等

を整備し、店頭回収や自主回収等に取り組む

　④　情報提供：消費者の意識・行動変容につながる情報を提供する

【取組みの例】

・食：食品の適切な管理方法や食材を使い切るレシピ情報を提供する

・家電製品：省エネラベリング制度による表示内容や評価基準に関する情報を提供する

したがって、(4)は適切である。

出典：環境省「温室効果ガス排出削減等指針に沿った取組のすすめ〜BoC事業者版〜脱炭素化に向けた取組実践ガイドブック（入門編）（2023年3月）」5、8、9、12頁
https://www.env.go.jp/earth/ondanka/gel/ghg-guideline/pdf/btoc.pdf

正解　(4)

第4章

情報開示に関する理解
〈開示する〉

1 GHG排出量開示の必要性の考え方

1　環境報告の一環としてのGHG排出量開示

　環境報告とは、「事業者が、事業活動による直接的・間接的な環境への重大な影響について、ステークホルダーに報告する行為」(注1)である。環境報告が開示される媒体は、いわゆる環境報告書に限らず、様々なものがある（【図表4－1－1】参照）。

　温室効果ガス排出量開示（GHG排出量開示）は、「事業活動による直接的・間接的な環境への重大な影響」の1つである気候変動に特化して「ステークホルダーに報告する行為」として、環境報告の範疇に含まれ得ると考えられる（気候変動以外の重要な環境課題としては、水資源、生物多様性、資源循、化学物質、汚染予防などが挙げられる）。

　近年ではサプライチェーンマネジメントの一環として、親会社・発注先等から温室効果ガス排出量およびその削減に向けた取組状況の照会や調査への回答が求められるケースが増えてきている。

　このような要請に対応する場合も環境報告を行うのと同様・同等に考えて対応する必要があるだろう。

【図表4-1-1】環境報告の開示媒体とステークホルダー

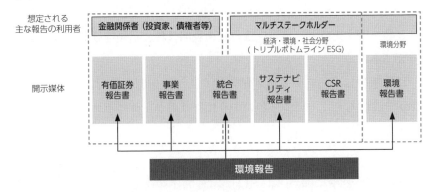

出典：環境省「環境報告のための解説書～環境報告ガイドライン2018年版対応～」7頁
https://www.env.go.jp/policy/%E6%9C%AC%E6%96%87.pdf

　環境省「環境報告のための解説書～環境報告ガイドライン2018年版対応～」(注2) では、環境報告で開示される情報について、少なくとも「目的適合性のある情報」と「忠実に表現する情報」の基本的な特性を備えるべきとしている（【図表4-1-2】）。

【図表4-1-2】環境報告に求められる2つの基本的特性

目的適合性のある情報	その情報の「利用者の意思決定に影響を与える可能性がある情報」
忠実に表現する情報	その情報の利用者に、元の「事象」を正しく伝えられる特性（完全性・中立性・無誤謬性の3要件）を備えている情報

出典：環境省「環境報告のための解説書～環境報告ガイドライン2018年版対応～」をもとに作成
https://www.env.go.jp/policy/%E6%9C%AC%E6%96%87.pdf

　GHG排出量開示は、目的適合性に関しては、算定された排出量それ自体だけでなく、自社が気候変動にどのように取り組んでいるのか、あるいは取り組もうとしているのか、経営の方針・戦略・目標・計画も重要な情報となる。

　忠実性に関しては、排出量算定の前提条件、参照したガイドラインや基準等、算定対象範囲、使用したデータ、算定結果等について、なるべく正確にわかりやすく表現することが求められる。いったん外部に開示

した情報は独り歩きする可能性があること、親会社・発注先等に開示したGHG排出量は開示先のスコープ3排出量に算入される可能性があること等を踏まえると、忠実性は自社の説明責任、信頼性確保の観点から重要である。

　環境報告に求められる基本的特性をよく理解した上で、GHG排出量開示を誰に対して・いつ・どのように行うのかをデザインしていく必要がある。

2　中小企業におけるGHG排出量開示の考え方

　上場企業には上場企業としての開示義務・説明責任があり、多量排出企業には国のGHG排出量の算定・報告義務が課されている（これらについては後述）。ただ、GHG排出量を義務的に開示しなければならないのは全企業数337.5万者（2021年6月時点）（注3）のごくわずかに過ぎないと見積もられる（【図表4－1－3】）。

【図表4－1－3】中小企業におけるGHG排出量開示の位置付け

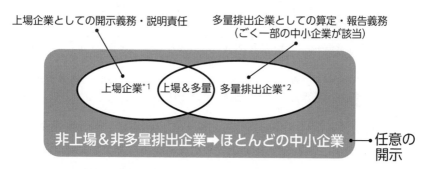

*1：2025年3月4日時点の上場会社数3,960社（JPX）：プライム1,635社／スタンダード1,579社／グロース610社／TOKYO PRO Market136社
*2：国の温室効果ガス排出量算定・報告・公表制度の2021年度排出量報告：特定事業者数11,963者／特定輸送排出者1,321者

出典：有限会社サステイナブル・デザイン

ほとんどの中小企業は非上場であり、多量排出企業にも該当しないため、GHG排出量開示は基本的には中小企業が自らの判断で任意に行う環境報告となる。

　開示の形態としては、自社のホームページに掲載する、何らかのレポートのかたちで公表・配布する、といったオープンな形態もあれば、親会社・発注先等の照会・調査票等に個別に回答するクローズドな形態もある。自治体の条例等に基づく制度に則って、自主的に任意の計画・報告等の提出を行うという選択もあり得る。

　では、中小企業が任意のGHG排出量開示を行う必要性はどこにあるのか。

　ここで、脱炭素経営に取り組む5つのメリットを振り返ってみよう。すなわち、①優位性の構築、②光熱費・燃料費の低減、③知名度・認知度向上、④社員のモチベーション・人材獲得力向上、⑤好条件での資金調達、であった。②以外の4つのメリットを具体化するには、外部に向けての環境報告、つまりGHG排出量開示は必須不可欠である。

　また、②についても運用改善は従業員の理解と排出削減行動への継続的な協力なくして成果をあげ定着させることはできない。エコアクション21ガイドラインでは、事業者内部の環境コミュニケーション（内部コミュニケーション）も要求事項に含まれているが、外部に向けての環境報告は、内部コミュニケーションの格好の材料として活用できる。

　外部からの要請への受動的・消極的対応というだけでなく、能動的・積極的なGHG排出量開示を通じて、自社の脱炭素経営の成果につなげていくことが望まれる（【図表4－1－4】）。

【図表4－1－4】脱炭素経営を事業成長に繋ぐ、取組みの発信

例えば 脱炭素経営の取組の発信方法の例

社内向け

 社内イントラ掲載
 訓示・社内報告
 ポスター等の掲示
 研修・勉強会
 社内報への掲載

社外向け

 自社サイト掲載
 メディア露出
 社外講演
 環境レポート発行
 イニシアティブ[1]参加

出典：環境省「中小規模事業者向けの脱炭素経営導入ハンドブック」14頁
https://www.env.go.jp/content/000114653.pdf

（注1） 環境省HP「環境情報開示（環境報告ガイドライン、TCFD）」
https://www.env.go.jp/policy/j-hiroba/04-4.html
（注2） 環境省「環境報告のための解説書～環境報告ガイドライン2018年版対応～」
https://www.env.go.jp/policy/%E6%9C%AC%E6%96%87.pdf
（注3） 中小企業庁HP「中小企業・小規模事業者の数（2021年6月時点）の集計結果を公表します」（2023年12月13日）
https://www.chusho.meti.go.jp/koukai/chousa/chu_kigyocnt/2023/231213chukigyocnt.html

2 開示に関する諸制度

1 GHG排出量開示の基本的なフレームワーク

(1) TCFD提言

TCFD提言最終報告書（2017年6月）では、気候変動関連情報の任意開示のフレームとして、「ガバナンス」、「戦略」、「リスク管理」、「指標と目標」の4テーマを示した（【図表4－2－1】）。以後、TCFDフレームワークは、同提言への賛同表明企業を中心に、気候変動関連開示のデファクトスタンダードとなってきた。

なお、TCFD自体は、IFRSサステナビリティ開示基準（後述）が発効されたことに伴って、2023年10月に解散している。

【図表4－2－1】TCFD 提言により推奨される情報開示のフレーム

ガバナンス	戦略	リスク管理	指標と目標
気候関連のリスク及び機会に係る組織のガバナンスを開示する。	気候関連のリスク及び機会がもたらす組織のビジネス・戦略・財務計画への実際の及び潜在的な影響を、そのような情報が重要な場合は、開示する。	気候関連リスクについて、組織がどのように識別・評価・管理しているのかについて開示する。	気候関連のリスク及び機会を評価・管理する際に使用する指標と目標を、そのような情報が重要な場合は、開示する。
推奨される開示内容			
a) 気候関連のリスク及び機会についての、取締役会による監視体制を説明する。	a) 組織が識別した、短期・中期・長期の気候関連のリスク及び機会を説明する。	a) 組織が気候関連リスクを識別・評価するプロセスを説明する。	a) 組織が、自らの戦略とリスク管理プロセスに即して、気候関連のリスク及び機会を評価する際に用いる指標を開示する。
b) 気候関連のリスク及び機会を評価・管理する上での経営者の役割を説明する。	b) 気候関連のリスク及び機会が組織のビジネス・戦略・財務計画に及ぼす影響を説明する。	b) 組織が気候関連リスクを管理するプロセスを説明する。	b) Scope1、Scope2及び当てはまる場合はScope3の温室効果ガス（GHG）排出量と、その関連リスクについて開示する。
	c) 2℃以下シナリオを含む、さまざまな気候関連シナリオに基づく検討を踏まえて、組織の戦略のレジリエンスについて説明する。	c) 組織が気候関連リスクを識別・評価・管理するプロセスが組織の総合的リスク管理にどのように統合されているかについて説明する。	c) 組織が気候関連リスク及び機会を管理するために用いる目標、及び目標に対する実績について説明する。

出典：「気候関連財務情報開示タスクフォースの提言（最終報告書）」（2017年6月）もとに作成
https://www.sustainability-fj.org/susfjwp/wp-content/uploads/2022/05/FINAL-TCFD-2nd_20220414.pdf

(2) CDP質問書

　CDP（旧称カーボン・ディスクロージャー・プロジェクト）は、英国の慈善団体が管理する非政府組織（NGO）であり、2022年には、世界全体で130兆ドル以上の資産を持つ680以上の投資家がCDPを通じて企業等に対する環境情報開示要請を行った。

　2018年以来、CDPの気候変動質問書はTCFD提言と連携しており、

開示要請を受けた企業は、同質問書への回答とCDPプラットフォームでの情報開示を通じて、TCFDフレームワークに沿ったGHG情報開示を行うことができる。

(3) IFRSサステナビリティ開示基準

2023年6月、国際サステナビリティ基準審議会（ISSB）がIFRSサステナビリティ開示基準を公表した。

・IFRSS1号「サステナビリティ関連財務情報の開示に関する全般的要求事項」
・IFRS S2号「気候関連開示」

IFRS S1号・S2号ともに、その中核となるコア・コンテンツの構成は、TCFDフレームワークを基礎としている。

IFRSサステナビリティ開示基準は2024年1月1日以後開始する年次報告期間より適用が始まっている。

(4) SSBJサステナビリティ開示基準（注1）

サステナビリティ基準委員会（SSBJ）は、日本におけるサステナビリティ開示基準を開発すること等を目的として、2022年7月に設立された組織である。

SSBJは、2024年3月29日に、サステナビリティ開示基準の公開草案を公表した。公開草案に対するコメントを2024年7月31日まで受け付け、さらなる検討を加えた上で、2025年3月5日に確定基準が公表された。

IFRSサステナビリティ基準はS1号およびS2号の2本立てであったが、SSBJ基準は、次の3本立てで構成されている。

・適用基準：サステナビリティ開示ユニバーサル基準
・一般開示基準（一般基準）：サステナビリティ開示テーマ別基準第1号

・気候関連開示基準（気候基準）：サステナビリティ開示テーマ別基準第2号

IFRSサステナビリティ基準とSSBJ基準の対応関係は、【図表4－2－2】に示すとおりである。

【図表4－2－2】ISSB基準とSSBJ基準の対応関係

ISSB基準		
IFRS S1号 全般的要求事項		**IFRS S2号 気候関連**
（基本的な事項を定めた部分）	（コア・コンテンツ）	
目的	目的	目的
範囲	範囲	範囲
概念的基礎		
適正な表示		
重要性（materiality）		
報告企業		
つながりのある情報		
	コア・コンテンツ	コア・コンテンツ
	ガバナンス	ガバナンス
	戦略	戦略
	リスク管理	リスク管理
	指標及び目標	指標及び目標
全般的要求事項		
ガイダンスの情報源		
開示の記載場所		
報告のタイミング		
比較情報		
準拠表明		
判断、不確実性及び誤謬		
判断		
測定の不確実性		
誤謬		

↓　　　　　↓　　　　　↓

適用基準	一般基準	気候基準

SSBJ基準

© 2024 Sustainability Standards Board of Japan All rights reserved.

出典：サステナビリティ基準委員会（SSBJ）「サステナビリティ開示基準アップデート」（ASBJ・SSBJオープン・セミナー 2025 資料（2025年3月6日）p.20 をもとに作成
https://www.fasf-j.jp/jp/wp-content/uploads/sites/2/20250306_01.pdf

SSBJ気候関連開示基準は、IFRS S2号と同等の内容であり、要点として、以下の点が挙げられる。

- コア・コンテンツとして、ガバナンス・戦略・リスク管理・指標及び目標のフレームに基づく開示が求められている。
- 温室効果ガス排出量に関してはスコープ１・２だけでなくスコープ３排出量について、原則としてGHGプロトコルによる算定結果を開示することが求められている。
- スコープ２排出量に関しては、ロケーション基準（系統網平均の排出係数：地域・国等の区域内における発電に伴う平均の排出係数）に加えて、個別の契約内容またはマーケット基準（実際に契約している電気メニューに応じた排出係数）により算定した排出量のいずれかを開示することが求められている。

　温室効果ガス排出に関する開示に関しては、概略【図表４－２－３】の内容が求められている。

【図表４－２－３】SSBJ気候関連開示基準が求める温室効果ガス排出に関する開示の概要

絶対総量	● 当報告期間中に生成した温室効果ガス排出の絶対総量について、次の事項を開示しなければならない (1) スコープ１温室効果ガス排出※ (2) スコープ２温室効果ガス排出※ (3) スコープ３温室効果ガス排出※ 　※ CO_2相当のメートル・トン (mt(e)) により表示 　※ 絶対総量が大きい場合、千メートル・トン (kt(e))、百万メートル・トン (Mt(e))、十億メートル・トン (Gt(e)) のいずれかの単位を用いて表示することができる ● 以下の７種類の温室効果ガスをCO_2相当量に集約しなければならない 二酸化炭素 (CO_2)、メタン (CH_4)、一酸化二窒素 (N_2O)、ハイドロフルオロカーボン類 (HFCs)、三フッ化窒素 (NF_3)、パーフルオロカーボン類 (PFCs)、六フッ化硫黄 (SF_6)
スコープ１・２	● スコープ１温室効果ガス排出及びスコープ２温室効果ガス排出は、次の情報に分解して開示しなければならない 　▶ 連結会計グループ（親会社及びその連結子会社） 　▶ その他の投資（関連会社、共同支配企業及び非連結子会社が含まれる）
スコープ２	● スコープ２温室効果ガス排出について、次の情報を開示しなければならない (1) ロケーション基準によるスコープ２温室効果ガス排出量 (2) (1) に加え 　▶ 主要な利用者の理解に情報をもたらすために必要な契約証書に関する情報がある場合、当該契約証書に関する情報 　▶ ただし、マーケット基準によるスコープ２温室効果ガス排出量に代えることができる
スコープ３	● GHGプロトコルのスコープ３基準(2011年)に記述されているスコープ３カテゴリーに従い、カテゴリー別に分解して開示しなければならない
ファイナンスド・エミッション	● 次の１つ以上の活動を行う場合、ファイナンスド・エミッション（報告企業が行った投資及び融資に関連して、投資先又は相手方による温室効果ガスの総排出のうち、当該投資及び融資に帰属する部分）に関する追加的な情報を開示しなければならない (1) 資産運用に関する活動 (2) 商業銀行に関する活動 (3) 保険に関する活動

出典：サステナビリティ基準委員会（SSBJ）「サステナビリティ開示基準アップデート」（ASBJ・SSBJ オープン・セミナー 2025 資料（2025年3月6日）p.57、p.60-62 をもとに作成
https://www.fasf-j.jp/jp/wp-content/uploads/sites/2/20250306_01.pdf

2　法令等に基づく開示

(1)　有価証券報告書等における法定開示 (注2)

　2023年1月31日の企業内容等の開示に関する内閣府令等の改正により、有価証券報告書等において、「サステナビリティに関する考え方及び取組」の記載欄を新設し、サステナビリティ情報の開示が求められることとなり、2023年3月期決算企業から適用されている。

　有価証券報告書等におけるサステナビリティ情報開示の項目は、TCFD提言／IFRS／SSBJ基準と同様、「ガバナンス」、「戦略」、「リスク管理」、「指標及び目標」の4テーマである（【図表4－2－4】）。

　「ガバナンス」および「リスク管理」についてはすべての企業が開示し、「戦略」および「指標及び目標」については各企業が重要性を判断して開示することとされている。

【図表4－2－4】サステナビリティ開示の概観

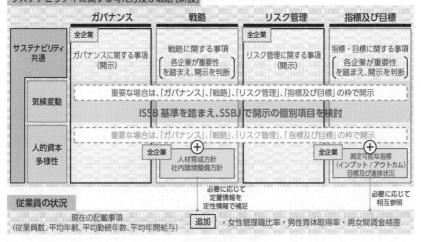

出典：金融庁「サステナビリティ情報の記載欄の新設等の改正について（解説資料）」
https://www.fsa.go.jp/policy/kaiji/sustainability01.pdf

ただし、企業が気候変動対応が重要であると判断する場合は、「ガバナンス」、「戦略」、「リスク管理」、「指標及び目標」の枠での開示、スコープ１・２のGHG排出量の積極的な開示が期待されている。

2025年３月のSSBJ基準確定後の法定開示への適用については、金融審議会において、時価総額３兆円以上のプライム市場上場企業から段階的に導入する案が検討されている（【図表４－２－５】）。

(2) 温室効果ガス排出量の算定・報告・公表制度 (注3)

地球温暖化対策の推進に関する法律（温対法）に基づき、2006年４月１日から、温室効果ガスを多量に排出する者（特定排出者）に、自らの温室効果ガスの排出量を算定し、国に報告することが義務付けられている（【図表４－２－６】）。報告された排出量等の情報は、国が事業者別・業種別・都道府県別に集計し公表している。

対象となる温室効果ガスは、エネルギー起源CO_2だけではなく、非エネルギー起源CO_2、メタン（CH_4）、一酸化二窒素（N_2O）、ハイドロフルオロカーボン（HFC）、パーフルオロカーボン類（PFC）、六ふっ化硫黄（SF_6）、三ふっ化窒素（NF_3）である。

本制度に基づいて2021年度に排出量報告を行った企業数は、特定事業者数11,963者、特定輸送排出者1,321者である。

2022年度より、報告の提出は原則として、省エネ法・温対法・フロン法電子報告システム（EEGS）を利用した電子報告で行うこととなっている。

なお、EEGSのサイト (注4) では、特定排出者による温室効果ガス排出量について、全国および業種別・都道府県別等の集計結果に加えて、事業者（事業所）ごとの温室効果ガス排出状況や削減対策実施状況等の情報を閲覧・ダウンロードすることができる。

業種、あるいは地域（都道府県や市区町村）を特定して、温室効果ガス排出量の多い事業者（事業所）を調べることができる。

【図表4-2-5】サステナビリティ開示基準のあり方と適用対象・適用時期の方向性（イメージ）（金融庁）

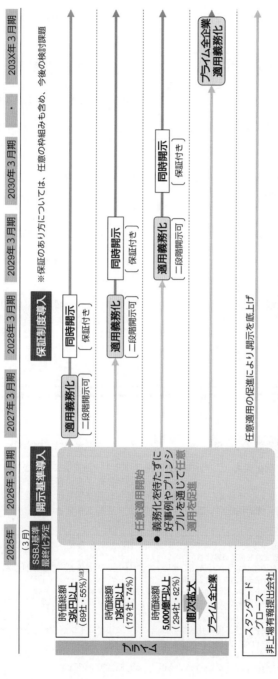

出典：金融審議会「サステナビリティ情報の開示と保証のあり方に関するワーキンググループ」（第3回）2024年6月28日資料1 事務局説明資料」
https://www.fsa.go.jp/singi/singi_kinyu/sustainability_disclose_wg/shiryou/20240628/01.pdf

【図表4－2－6】算定・報告・公表制度の対象となる温室効果ガス・事業者

【特定事業所排出者】

温室効果ガスの種類	対象者（特定排出者）
エネルギー起源二酸化炭素（エネルギー起源 CO_2） ［燃料の燃焼、他人から供給された電気または熱の使用に伴い排出される CO_2］	・全ての事業所の原油換算エネルギー使用量合計が1,500kℓ／年以上となる事業者 ・原油換算エネルギー使用量が1,500kℓ／年以上となる事業所を設置している場合には、当該事業所の排出量も内訳として報告
非エネルギー起源 CO_2 ［上記以外の CO_2］ ［原油生産、セメント製造、廃棄物焼却等に伴い排出される CO_2］ メタン（CH_4） ［農業、燃料燃焼、廃棄物埋立等］ 一酸化二窒素（N_2O） ［農業、燃料燃焼、廃棄物焼却等］ ハイドロフルオロカーボン類（HFC） ［HCFC-22製造、冷媒HFCの封入等］ パーフルオロカーボン類（PFC） ［半導体製造、洗浄剤・溶剤等］ 六ふっ化硫黄（SF_6） ［電気絶縁ガス、半導体製造、金属生産等］ 三ふっ化窒素（NF_3）注 ［半導体製造等］	次の①及び②の要件を満たす者 ①算定の対象となる事業活動が行われており、温室効果ガスの種類ごとに、全ての事業所の排出量が CO_2 換算で3,000t以上となる事業者 ②事業者全体で常時使用する従業員の数が21人以上 ・温室効果ガスの種類ごとに排出量が CO_2 換算で3,000t以上となる事業所を設置している場合には、当該事業所の排出量も内訳として報告

注）三ふっ化窒素（NF_3）については、平成27年度排出量から算定・報告の対象となっています。

【特定輸送排出者】

温室効果ガスの種類	対象者（特定排出者）
エネルギー起源二酸化炭素（エネルギー起源 CO_2） ［燃料の燃焼、他人から供給された電気または熱の使用に伴い排出される CO_2］	省エネルギー法で次に指定される事業者 ・特定貨物輸送事業者[注1] ・特定旅客輸送事業者[注2] ・特定航空輸送事業者[注3] ・特定荷主[注4]

注1：貨物輸送用の鉄道300両以上、自動車（トラック等）200台以上、船舶（総トン数）20,000トン以上のいずれかの輸送能力を有する事業者
注2：旅客輸送用の鉄道300両以上、バス200台以上、タクシー350台以上、船舶（総トン数）20,000トン以上のいずれかの輸送能力を有する事業者
注3：航空機の総最大離陸重量が9,000トン以上の輸送能力を有する事業者
注4：自らの事業活動に伴って委託あるいは自ら輸送している貨物の輸送量が年間3,000万トンキロ以上の事業者

出典：環境省・経済産業省「地球温暖化対策の推進に関する法律に基づく温室効果ガス排出量算定・報告・公表制度による令和元（2019）年度温室効果ガス排出量の集計結果」
（令和4年12月13日）をもとに作成
https://ghg-santeikohyo.env.go.jp/files/result/r01/result_R1_20231027.pdf

(3) 都道府県・自治体の報告制度

都道府県等が、条例や指導要綱等に基づいてGHG排出量や削減計画の報告を求める制度もある。

各自治体により細部は異なるものの、ほとんどの場合、エネルギー使用量が原油換算1,500kl以上の事業者または事業所を対象としているため、国の算定・報告・公表制度と重なる場合が多いと考えられる。

ただ、自治体によっては、バス・トラック・タクシーを多数保有する自動車運送業、自家用車両を多数保有する事業者（自動車運送業に限らない）、大規模建築物等を対象としている場合もある。

また、制度で定義する対象ではない事業者についても、任意の提出を認めている場合がある。

計画書作成の手引きやツールが制度の案内とともに自治体のウェブサイトに掲載されていることもあり、それらを参照・ダウンロードして排出量算定作業に使用するなど、有用情報源として活用するのも一法である。

【図表4−2−7】地方公共団体の GHG 排出量等報告制度例

自治体		制度名（HP 掲載の名称）
都道府県	北海道	事業者温室効果ガス排出量報告制度
	岩手県	いわて脱炭素経営カルテ（地球温暖化対策計画等）
	秋田県	秋田県地球温暖化対策推進条例に係る計画書制度
	茨城県	茨城県地球環境保全行動条例に基づく特定事業場定期報告
	栃木県	地球温暖化対策計画
	群馬県	排出量削減計画等提出・公表制度
	埼玉県	地球温暖化対策計画制度
	東京都	地球温暖化対策計画書
		中小企業等を対象とした地球温暖化対策報告書制度
	神奈川県	事業活動温暖化対策計画書制度
	石川県	地球温暖化対策計画書・実施状況報告書
	山梨県	温室効果ガス排出抑制計画制度
	長野県	長野県地球温暖化対策条例計画書制度
	岐阜県	岐阜県地球温暖化防止及び気候変動適応基本条例に基づく計画等
	静岡県	温室効果ガス排出削減計画書・報告書
	愛知県	地球温暖化対策計画書制度
	三重県	地球温暖化対策計画書制度
	滋賀県	事業者行動計画書制度
	京都府	業者排出量削減計画・報告・公表制度
	大阪府	エネルギーの多量消費事業者等による報告制度
	兵庫県	温暖化防止特定事業実施届（温暖化アセス）
	和歌山県	和歌山県地球温暖化対策条例に基づく排出抑制計画書制度
	鳥取県	温室効果ガス排出抑制等のための取組計画
	岡山県	温室効果ガス排出算定・報告・公表制度
	広島県	温室効果ガス削減計画・実施状況報告書
	徳島県	温室ガス排出抑制のための計画書・報告書
	香川県	地球温暖化対策計画・報告・公表制度
	長崎県	温室効果ガス排出削減計画書・報告書
	熊本県	事業活動温暖化対策計画書制度
	宮崎県	温室効果ガス排出抑制計画書
	鹿児島県	温室効果ガス排出量削減計画
政令市	札幌市	環境保全行動計画・自動車使用管理計画
	さいたま市	さいたま市環境負荷低減計画制度
	川崎市	事業活動地球温暖化対策計画書制度
	横浜市	地球温暖化対策計画書制度
	相模原市	地球温暖化対策計画書制度
	名古屋市	地球温暖化対策計画書制度
	京都市	事業者排出量削減計画書制度
	広島市	事業活動環境配慮制度 事業活動環境計画書・報告書
その他	川越市	温室効果ガス排出削減計画書
	戸田市	戸田市地球温暖化対策計画
	柏市	削減計画書
	港区	港区地球温暖化対策報告書制度
	白山市	温室効果ガス排出削減計画書

※環境省 HP「温室効果ガス排出量算定・報告・公表制度」参考資料に記載されている都道府県およびその他の自治体の報告制度の一覧（2019年1月31日時点）より著者作成。なお、制度名については各都道府県・自治体 HP を参照して一部修正。
出典：環境省 HP「温室効果ガス排出量算定・報告・公表制度」参考資料掲載情報をもとに作成
https://ghg-santeikohyo.env.go.jp/document/lg-system

(注1) サステナビリティ基準委員会HP
https://www.ssb-j.jp/jp/
(注2) 金融庁HP「サステナビリティ情報の開示に関する特集ページ」
https://www.fsa.go.jp/policy/kaiji/sustainability-kaiji.html
(注3) 環境省HP「温室効果ガス排出量算定・報告・公表制度」
https://policies.env.go.jp/earth/ghg-santeikohyo/index.html
(注4) 温室効果ガス排出量算定・報告・公表制度 フロン類算定漏えい量報告・公表制度ウェブサイト
https://eegs.env.go.jp/ghg-santeikohyo-result/

第4章 確認問題

問55 環境報告としてのGHG排出量開示

下記は、GHG排出量開示の考え方に関する説明です。説明文の空欄①～③に入る語句の組合せとして、適切なものは次のうちどれですか。

> 環境報告とは、「事業者が、事業活動による直接的・間接的な環境への重大な影響について、（ ① ）に報告する行為」である。環境報告には、少なくとも「目的適合性のある情報」と「忠実に表現する情報」の基本的な特性を備えるべきとしている。
> - 目的適合性のある情報：その情報の「（ ② ）に影響を与える可能性がある情報」
> - 忠実に表現する情報：その情報の利用者に、元の「事象」を正しく伝えられる特性（完全性・（ ③ ）・無誤謬性の3要件）を備えている情報
>
> GHG排出量開示は、「事業活動による直接的・間接的な環境への重大な影響」の1つである気候変動に特化して（ ① ）に報告する行為として、環境報告の範疇に含まれ得ると考えられるため、環境報告に求められる特性を備えるように行う必要がある。

(1) ①ステークホルダー　②合法性の判断　③定量性
(2) ①行政　②合法性の判断　③定量性
(3) ①ステークホルダー　②利用者の意思決定　③中立性
(4) ①行政　②利用者の意思決定　③中立性

解説&正解

　環境省「環境報告のための解説書 ～環境報告ガイドライン2018年版対応～」では、環境報告は「事業者が、事業活動による直接的・間接的な環境への重大な影響について、ステークホルダーに報告する行為」とし、少なくとも次の2つの基本的な特性を備えるべきとしている。

- 目的適合性のある情報：その情報の「利用者の意思決定に影響を与える可能性がある情報」
- 忠実に表現する情報：その情報の利用者に、元の「事象」を正しく伝えられる特性（完全性・中立性・無誤謬性の3要件）を備えている情報

以上により、(3)が適切である。

正解　(3)

問56 中小企業の開示

下記は、甲銀行乙支店の融資担当者Xさんと、取引先である金属部品製造業を営むA社の代表取締役Bさんとの温室効果ガス排出量の開示に関する会話です。会話文の空欄①～③に入る語句の組合せとして、適切なものは次のうちどれですか。

Bさん：ちょうど昨日、温室効果ガスについての書類が取引先のC社から来て、よくわからないが、どうしたらいいかと総務から聞かれたところだったんだ。Xさん、たしか最近、その方面の勉強をしていると言っていたよね。私も何が書いてあるのかわからないので、ちょっと見てくれないか。

Xさん：わかりました、拝見します。…これは、御社の温室効果ガス排出量を教えてほしいという要請のようですね。

Bさん：それは、答えないといけないのかな？そもそも、何でそんなことを聞いてくるんだろう？

Xさん：この書類を出されたC社は上場企業ですよね。今、上場企業は（ ① ）の温室効果ガス排出削減に力を入れているところが多いのです。

Bさん：うちみたいな規模の小さな会社には関係ない話だろう。

Xさん：取引先からみると、御社は仕入れ先であり、「川上」の事業者ということになります。御社が納めている部品1つひとつがCO_2排出量という負荷を背負っていると考えてみてください。C社としては、なるべく、その負荷を少なくしたいと考えているのです。

Bさん：なるほど。

Xさん：そこで、御社が燃料を燃やしたり、電気を使ったりするこ

とで排出しているCO_2の量を知りたいのです。御社が消費している燃料や電気に由来する排出量は、御社の（　②　）排出量になります。それをC社からみると、C社にとっての（　③　）排出量になります。

(1)　①自社　　　　　　　②スコープ1・2　　③スコープ3
(2)　①サプライチェーン　②スコープ3　　　　③スコープ1・2
(3)　①サプライチェーン　②スコープ1・2　　③スコープ3
(4)　①自社　　　　　　　②スコープ3　　　　③スコープ1・2

解説＆正解

　ほとんどの中小企業は非上場であり、法的に算定・報告を求められる多量排出企業にも該当しないため、GHG排出量開示は基本的には中小企業が自らの判断で任意に行うものとなる。

　しかし、サプライチェーンマネジメントの一環として、親会社・発注先等からの照会・調査票等への回答によりGHG排出量開示を求められるケースも増えてきており、中小企業においても、自社のスコープ1・2排出量については正確に算出し、開示できる準備を整えておく必要性が高まってきている。

　A社が消費している燃料や電気に由来する排出量は、A社のスコープ1・2排出量であり、これをC社からみると、スコープ3排出量となる。

　以上により、(3)が適切である。

正解　(3)

問57 中小企業のGHG開示

中小企業のGHG開示に関する記述について、適切なものは次のうちどれですか。

(1) 国の温室効果ガス算定・報告・公表制度において、中小企業は対象外となっている。
(2) 中小企業のGHG開示方法としては、自社のホームページに掲載する、何らかのレポートのかたちで公表・配布する、外部からの調査票に回答する、自治体に報告する、などの形態がある。
(3) 他者のクレジット（排出権）の取得による削減（カーボンオフセット）も、企業のSBT達成のための削減に算入することができる。
(4) SBT事務局に目標認定申請を行い、妥当性確認（有料）を受けることで中小企業向けSBT目標として認定される。

解説＆正解

地球温暖化対策の推進に関する法律（温対法）においては、事業活動に伴い相当程度多い温室効果ガスの排出をする者（特定排出者）は、毎年度、温室効果ガス算定排出量を事業所管大臣に報告しなければならないとされている。特定排出者は、エネルギー使用量合計の規模だけでなく、排出する温室効果ガスの種類等によって決定される。中小企業であっても、これに当てはまれば対象となり、任意ではなくなる。したがって、(1)は適切でない。

中小企業のGHG開示の形態としては、自社のホームページに掲載する、何らかのレポートのかたちで公表・配布する、といったオープンな形態もあれば、親会社・発注先等の照会・調査票等に個別に回答するクローズドな形態もある。自治体の条例等に基づく制度に則って、自主的

に任意の計画・報告等の提出を行うという選択もあり得る。都道府県等が、条例や指導要綱に基づいてGHG排出量や削減計画の報告を求める制度もある。したがって、(2)は適切である。

　クレジット（Credits）は、排出削減を定量化してやり取りするものであるが、SBT・RE100においては、排出削減対策としてみなされない。したがって、(3)は適切でない。

　通常のSBTでは、事業者が排出量削減の目標設定関連情報をSBT事務局に提出し、事務局より目標達成の妥当性審査を受けるが、中小企業向けのSBTでは、この審査はない（https://j-net21.smrj.go.jp/qa/org/Q1404.html）。したがって、(4)は適切でない。

正解　(2)

問 58　GHG排出量開示のフレームワーク

GHG排出量開示の基本的なフレームワークに関する記述について、適切でないものは次のうちどれですか。

(1) 2017年6月に公表されたTCFD提言（気候関連財務情報開示タスクフォース最終報告書）では、「経営方針、経営環境及び対処すべき課題」、「従業員の状況等」、「サステナビリティに関する考え方及び取組」、「コーポレート・ガバナンスの状況」の4項目を開示推奨項目としている。
(2) 国際サステナビリティ基準審議会（ISSB）のIFRSサステナビリティ開示基準は、全般的要求事項（IFRS S1号）、気候関連開示の基準（IFRS S2号）から構成されている。
(3) 日本のサステナビリティ基準委員会（SSBJ）の気候基準は、TCFD提言の4項目の開示推奨項目のすべてに関する開示について定めた内容となっている。
(4) SSBJの気候関連開示基準では、スコープ1・2排出量だけでなく、スコープ3排出量の開示も求められている。

解説＆正解

TCFD提言における開示推奨項目は、「ガバナンス」、「戦略」、「リスク管理」、「指標と目標」の4項目である。選択肢は、有価証券報告書等における企業のサステナビリティ情報の開示事項である。したがって、(1)は適切でない。

IFRSサステナビリティ開示基準のうち、S1号は「サステナビリティ関連財務情報の開示に関する全般的要求事項」、S2号は「気候関連開示」について定めている。S1・S2基準の日本国内への適用については、サステ

ナビリティ基準委員会（SSBJ）において検討が進められ、2025年3月5日に確定基準が公表された。したがって、(2)は適切である。

　IFRSサステナビリティ開示基準およびこれと整合する内容のSSBJ気候開示基準は、TCFD提言のフレームを受け継いで、コア・コンテンツとして「ガバナンス」、「戦略」、「リスク管理」、「指標及び目標」の4項目を求めている。したがって、(3)は適切である。

　SSBJ気候基準では、スコープ1・2・3排出量の開示が求められている。したがって、(4)は適切である。

正解　(1)

問 59　GHG排出量開示制度

GHG排出量開示制度に関する記述について、適切でないものは次のうちどれですか。

(1) 2023年3月期決算企業から、有価証券報告書等におけるサステナビリティ情報の開示の一環として、スコープ1・2排出量の積極的な開示が期待されている。
(2) 地球温暖化対策の推進に関する法律に基づいて、事業者が主務大臣に報告した温室効果ガスの排出量等に関する情報は、誰でも開示請求あるいは閲覧することができる。
(3) 地球温暖化対策の推進に関する法律に基づく「算定・報告・公表制度」は、上場企業および中小企業基本法の中小企業の定義に該当しない大企業を対象としている。
(4) 国の「算定・報告・公表制度」のほかに、都道府県等が条例や指導要綱等に基づいてGHG排出量や削減計画の報告を求める制度もある。

解説＆正解

2023年3月期決算企業から、有価証券報告書等におけるサステナビリティ情報の開示が求められており、企業が気候変動対応が重要であると判断する場合は、「ガバナンス」、「戦略」、「リスク管理」、「指標及び目標」の4テーマの枠での開示、スコープ1・2のGHG排出量の積極的な開示が期待されている。したがって、(1)は適切である。

地球温暖化対策の推進に関する法律に基づいて、事業者が主務大臣に報告した温室効果ガスの排出量等に関する情報は、令和2年度実績までは誰でも開示請求することができ、令和3年度実績からは集計結果ページにて閲覧することができる。したがって、(2)は適切である。

「算定・報告・公表制度」の対象は、温室効果ガスを多量に排出する者（特定排出者）であり、中小企業であっても一定以上の温室効果ガスを排出している場合には、同制度の対象となる。したがって、(3)は適切でない。

　例えば、東京都では、2008年7月、環境確保条例を改正し、「温室効果ガス排出総量削減義務と排出量取引制度」を導入している。したがって、(4)は適切である。

正解　(3)

問60　有価証券報告書におけるサステナビリティ情報

有価証券報告書におけるサステナビリティ情報に関する記述について、適切でないものは次のうちどれですか。

(1) サステナビリティ関連のリスクおよび機会に対するガバナンス体制（取締役会や任意に設置した委員会等の体制や役割等）に関する記載については、すべての企業が有価証券報告書に記載することとされている。

(2) サステナビリティ関連のリスクおよび機会に対処する取組み（企業が識別したリスクおよび機会の項目とその対応策等）の記載は、重要性を判断して開示することとされている。

(3) サステナビリティ関連のリスクおよび機会を識別・評価・管理するために用いるプロセス（リスクおよび機会の識別・評価方法や報告プロセス等）の記載は、すべての企業が開示することとされている。

(4) サステナビリティ関連のリスクおよび機会の実績を評価・管理するために用いる情報（GHG排出量の削減目標と実績値等）は、すべての企業が有価証券報告書に記載することとされている。

注）上記設問中の「すべての企業」とは、金融商品取引法第24条により、有価証券報告書を提出する義務があるすべての企業をいう。

解説&正解

改正「企業内容等の開示に関する内閣府令」が、2023年1月31日公布・施行された。

同内閣府令改正の主な内容として、有価証券報告書にサステナビリティ情報の「記載欄」を新設するほか、人的資本・多様性やコーポレート

ガバナンスに関する開示の拡充を行うといったものがある。

　サステナビリティ情報の「記載欄」について、具体的には、従業員の状況等の欄に、既存の項目に加えて、「女性管理職比率」、「男性育児休業取得率」および「男女間賃金格差」の開示が求められている。

　また、「サステナビリティに関する考え方及び取組」欄を新設し、TCFD提言に沿って「ガバナンス」、「戦略」、「リスク管理」および「指標及び目標」の開示を求めている。

　「ガバナンス」について、取締役会や任意に設置した委員会等の体制や役割等といったサステナビリティ関連のリスクおよび機会に対するガバナンス体制の記載は、すべての企業が開示することとされている。したがって、(1)は適切である。

　「戦略」について、企業が識別したリスクおよび機会の項目とその対応策等のサステナビリティ関連のリスクおよび機会に対処する取組みの記載は、重要性を判断して開示するものとされている。したがって、(2)は適切である。

　「リスク管理」について、リスクおよび機会の識別・評価方法や報告プロセス等のサステナビリティ関連のリスクおよび機会を識別・評価・管理するために用いるプロセスの記載は、すべての企業が開示することとされている。したがって、(3)は適切である。

　「指標及び目標」について、GHG排出量の削減目標と実績値等のサステナビリティ関連のリスクおよび機会の実績を評価・管理するために用いる情報の記載は、重要性を判断して開示するものとされている。したがって、(4)は適切でない。

出典：金融庁「金融審議会ディスクロージャーWG報告(2022年6月)を踏まえた内閣府令改正の概要」
https://www.fsa.go.jp/policy/kaiji/sustainability01.pdf

正解　(4)

●執筆者紹介

西原　弘（にしはら　ひろし）

有限会社サステイナブル・デザイン　代表取締役
学生時代の1990年以来、「サステイナブル」をライフワークとし、中小企業から上場企業まで、経営計画・事業開発・資金対策・人材育成・情報開示の面からサステイナビリティ経営を支援している。

【略歴】
1991年3月　　　　東京大学文学部卒業
1991～2002年　　株式会社三菱総合研究所研究員
2002年12月　　　有限会社サステイナブル・デザイン（https://sustainablex.design/）を設立
　　　　　　　　（2017年度～認定経営革新等支援機関）
2021年12月～　　サステイナビリティ経営人材養成講座開講

【役職等】
2003年度～　　　NPO法人東京城南環境カウンセラー協議会理事（2010年度～専務理事）
2005年度～　　　NPO法人日本ガラパゴスの会理事（2005～2010年度事務局長）
2012年度～　　　グリーン購入ネットワーク理事
2020年度～　　　青山学院大学SDGs／CEパートナーシップ研究所客員研究員

【資格・登録等】
キャッシュフローコーチ、技術士（衛生工学部門）、エコアクション21審査員、環境カウンセラー（市民部門）

脱炭素経営アドバイザー　公式テキスト&問題集
（環境省認定制度　脱炭素アドバイザー　アドバンスト）

2025年4月29日　初版第1刷発行

編　者　経済法令研究会
発行者　髙橋春久
発行所　㈱経済法令研究会
〒162-8421　東京都新宿区市谷本村町3-21
電話　代表03(3267)4811　制作03(3267)4823
https://www.khk.co.jp/

営業所／東京 03(3267)4812　大阪 06(6261)2911　名古屋 052(332)3511　福岡 092(411)0805

デザイン・DTP／田中真琴　印刷／㈲加藤文明社　製本／㈱ブックアート

©Keizai-hourei Kenkyukai 2025　Printed in Japan　　　ISBN978-4-7668-3502-1

☆　本書の内容等に関する訂正等について　☆
本書の内容等につき発行後に誤記の訂正等の必要が生じた場合には、
当社ホームページに掲載いたします。
（ホームページ　書籍・DVD・定期刊行誌　メニュー下部の　追補・正誤表　）

定価は表紙に表示してあります。無断複製・転用等を禁じます。落丁・乱丁本はお取替えします。

経済法令研究会の書
——あなたの仕事も次のページへ

新2版
サステナブル経営サポート
（環境省認定制度 脱炭素アドバイザー ベーシック 認定）
対策問題集

経済法令研究会 編　●A5判・248頁　●定価：2,200円（税込）ISBN978-4-7668-3519-9 C2034

本書の特徴

- 温室効果ガスの削減対策を進めるための知識として、排出量の算定や削減目標に関する基本を学ぶことができる。
- サステナブル経営を支援するためにどのような知識と実践が必要かを学ぶことができる。
- 三答択一の問題＆解説によって「サステナブル経営サポート」検定試験の対策をすることができる。

サステナブル経営サポート
（環境省認定制度 脱炭素アドバイザー ベーシック）　実施要項

実施日程	2025年5月1日（木）〜 2026年3月31日（火）	出題範囲	1．サステナビリティ経営支援の基礎知識 2．取引先のサステナビリティ課題の解決 3．取引先のサステナビリティを高めるための周辺知識 4．取引先の脱炭素化支援のための基礎知識
申込日程	2025年4月28日（月）〜 2026年3月28日（土）		
出題形式・試験時間	三答択一式　50問　60分	申込方法	株式会社CBTソリューションズのウェブサイトからお申込みください。 （https://cbt-s.com/page/khk_all/）
合格基準	100点満点中70点以上		
受験料	4,950円（税込）	会　場	PC設置会場（テストセンター）にて実施

経済法令研究会　https://www.khk.co.jp/
〒162-8421 東京都新宿区市谷本村町3-21
TEL 03(3267)4810　FAX 03(3267)4998

●経済法令ブログ
https://khk-blog.jp/

●X（旧Twitter）
（経済法令研究会出版事業部）
@khk_syuppan